SAMMLUNG GOSCHEN BAND 827

ELEKTROMOTORISCHE ANTRIEBE

(Grundlagen für die Berechnung)

Von

Prof. Dr. ing. A. SCHWAIGER

Dritte, neubearbeitete Auflage

Mit 34 Abbildungen

Walter de Gruyter & Co.
vormals G. J. Göschen'sche Verlagshandlung · J. Guttentag, Verlagsbuchhandlung · Georg Reimer · Karl J. Trübner · Veit & Comp.
Berlin 1952

Archiv-Nr. 11 08 27
Druck von Walter de Gruyter & Co., Berlin W 35
Printed in Germany

Inhaltsverzeichnis.

Benützte Literatur:

E. Arnold, Wechselstromtechnik, Springer, Berlin (1909).

R. Bingel, Entwicklungslinien des wirtschaftlichen elektromotorischen Antriebs, SSW.

W. Philippi, Elektrische Fördermaschinen, S. Hirzel, Leipzig (1927).

F. Punga u. O. Raydt, Die Drehstrommotoren mit Doppelkäfiganker, Springer, Berlin (1931).

R. Rüdenberg, Die Relais-Steuerungen, Springer, Berlin (1930).

M. Schenkel, Die Kommutatormaschinen, W. de Gruyter & Co., Berlin u. Leipzig (1924).

A. Schwaiger, Elektrische Bahnen, Sammlung Göschen, Nr. 958.

—, Elektrische Förderanlagen, Sammlung Göschen Nr. 678.

AEG Mitteilungen und Druckschriften.

BBC Nachrichten und Druckschriften.

Siemens Zeitschrift und SSW-Druckschriften.

Mitarbeiter:
Dr.-Ing. F. Schwaiger

Einleitung.

Die großen Fortschritte auf dem Gebiet der elektromotorischen Antriebe seit den ersten Anfängen lassen sich trotz ihrer Vielgestaltigkeit auf zwei Entwicklungslinien zurückführen: Auf die bauliche und auf die betriebstechnische Anpassung des Elektromotors an die anzutreibende Maschine zur Schaffung einer organischen Einheit zwischen Motor und Maschine und zur Erhöhung der Wirtschaftlichkeit des Betriebs.

Die bauliche Anpassung des Motors an die Arbeitsmaschine wurde durch die Entwicklung verschiedener Bauformen des Motors, des Flanschmotors, des An- und Aufbaumotors und des Einbaumotors eingeleitet. Das Ziel, den Motor dabei unmittelbar mit der Welle der Arbeitsmaschine zu kuppeln, ist unter Beachtung der wirtschaftlichen Gesamtanordnung nur bei einigen schnellaufenden Arbeitsmaschinen (Holzbearbeitungsmaschinen) möglich. In der überwiegenden Mehrzahl der Fälle muß die Drehzahl des Motors ins Langsame übersetzt werden. Hierfür sind die Getriebemotoren (Vorgelegemotoren) entwickelt worden. Die Erfahrung hat gelehrt, daß nur durch die Vereinigung des Getriebes mit dem Motor die Vorteile der modernen Präzisionsgetriebe mit ihrem hohen Wirkungsgrad voll ausgenutzt werden können. Durch die Verwendung der schnellaufenden Motoren wird zugleich der Vorteil des besseren Wirkungsgrades und Leistungsfaktors gewonnen.

Lange Zeit war der Einmotorenantrieb der Arbeitsmaschinen die Regel. Soweit eine Arbeitsmaschine nur ein einzelnes Arbeitselement (1 Arbeitswelle) aufweist, ist der Einmotorenantrieb naturgemäß das Gegebene. Für die bauliche Anpassung der Motoren an solche Maschinen sind die Antriebe der Textilzentrifugen und der Trommeln in der Zementindustrie beispielshaft. Ein großer Vorteil dieser Antriebe liegt besonders in der Verkürzung des Weges der Energiezufuhr.

Bei einer großen Zahl von Werkzeugmaschinen (Radialbohrmaschinen, Drehbänken, Metallhobelmaschinen usw.) wird ebenfalls nur ein Arbeitselement angetrieben (der Bohrer, die Planscheibe usw.). Deshalb gehören auch diese Maschinen zur Gruppe der Einmotorenantriebe. Jedoch sind hierbei unter Umständen noch viele Verstellvorrichtungen zu bedienen (Heben und Senken sowie Drehen des Bohrerauslegers, Verschieben des Supportes usw.). Die Entwicklung des elektromotorischen Antriebs bei dieser Gruppe von Maschinen geht dahin, auch die Verstellvorrichtungen durch sog. Hilfsmotoren zu betätigen. Den großen Fortschritt auf diesem Gebiet zeigt beispielsweise eine große Spitzendrehbank, bei welcher 10 Hilfsmotoren für die Verstellvorrichtungen eingebaut sind, darunter ein Motor zum Verstellen der Klauen auf der Planscheibe. Der Vorteil der Hilfsmotoren liegt in der großen Erleichterung der Bedienung und in der erheblichen Ersparnis an sog. Griffzeiten. Vielfach werden auch Verriegelungen eingeführt, um eine gewisse Reihenfolge bei der Bedienung der Verstellvorrichtungen zu erzwingen und Fehlschaltungen zu vermeiden.

Bei einer großen Gruppe von Arbeitsmaschinen müssen mehrere Arbeitselemente angetrieben werden. Es sind dies Maschinen, bei welchen das Arbeitsgut laufend von einem Arbeitslement auf das folgende übertragen wird, d. h. es handelt sich um Herstellungsverfahren zum Zweck der fortgesetzten Verminderung des Querschnitts des Arbeitsgutes (Walzwerke) oder der Verfeinerung und Festigung des Arbeitsgutes (Papiermaschinen, Textilmaschinen) oder um Zerkleinerung und Zerfaserung des Arbeitsgutes (Holzschleifer mit Sortiereinrichtungen, Steinbrecher mit Sortiereinrichtungen usw.). Statt des zentralen Antriebs dieser Maschinen mit einem einzigen Motor mit Riemenübertragungen auf die einzelnen Arbeitswellen wird dieser Antrieb in mehrere Motoren aufgelöst und zwar mit je einem Motor für jedes Arbeitselement. Am umfangreichsten dürfte diese Auflösung bei der Formsandaufbereitung mit etwa 15 Einzelmotoren sein.

Ein charakteristisches Merkmal dieser Antriebe ist, daß die einzelnen Motoren in eine gewisse Abhängigkeit von einander gebracht werden müssen, um den kontinuierlichen Fertigungsgang des Gutes aufrecht zu erhalten, d. h. es ist ein mehr oder weniger genauer Gleichlauf der Motoren („elektrische Welle“) anzustreben.

Ein Beispiel ist der Antrieb eines Dreikrempelsatzes mit drei Motoren in der Textilindustrie. Bei dieser Maschine muß der Faserflor mit Hilfe selbsttätiger Übertragungsmittel von einer Krempel zur nächsten gebracht werden, ohne daß ein Verzug auftreten kann. Besonders ist es notwendig, daß ein guter Gleichlauf der drei Sätze beim Anlauf und beim Stillsetzen erreicht wird, damit der Flor nicht gestaucht oder gezerrt wird. Bei dem üblichen Antrieb mit Asynchromotoren wird dies durch Parallelschalten der Läuferschleifringe erreicht.

Ein sehr genauer Gleichlauf der einzelnen Motoren wird z. B. beim Antrieb von Papiermaschinen gefordert, damit der Zug auf die beim Durchlauf durch die einzelnen Arbeitselemente sich allmählich festigende Papierbahn konstant ist. Hier müssen sehr genau arbeitende Reguliervorrichtungen vorgesehen werden. Diese werden von der Drehzahl der Maschine beeinflußt und ändern bei Drehzahlabweichungen (Ward Leonardschaltung vorausgesetzt) die Klemmenspannung der Motoren durch Beeinflussung der Generatorerregung. Eine gewisse Schwierigkeit in der Regulierung liegt darin, Pendelungen zu vermeiden, welche durch die Wirkung der elektromagnetischen Trägheit der Generatorpole und der Massenträgheit der Papiermaschine erregt werden können.

Der Vorteil dieser Anordnungen liegt in der Steigerung der Arbeitsgeschwindigkeit, der Produktmenge, der Güte der Erzeugnisse und der besseren Beherrschung der oft erheblichen Antriebsleistungen.

Die betriebstechnische Anpassung der Motoren an die Arbeitsmaschinen ist früher dadurch etwas gehemmt worden, daß nicht für alle Stromarten Motoren mit den gleichen guten Eigenschaften, wie sie die Gleichstrommotoren aufweisen, zur Verfügung standen. Diese Hemmung der Entwicklung ist nun beseitigt: Es gibt jetzt für alle Stromarten Motoren mit Hauptschluß- und Nebenschlußverhalten, mit guter Drehzahlregulierbarkeit in weiten Grenzen und feinen Stufen, mit bequemer Umsteuerung und mit elektrischer Bremsung.

Um die Motoren betriebstechnisch den Arbeitsmaschinen anpassen zu können, müssen natürlich die Betriebseigenschaften der anzutreibenden Maschinen selbst genau bekannt sein. Diese zu erforschen war bei den früher verwendeten mechanischen Übertragungsmitteln nicht möglich. Erst nach Einführung des elektromotorischen Antriebs ist es gelungen, mit Hilfe von elektrischen Meßinstrumenten aller Art die Größe und den zeitlichen Verlauf der charakteristischen Größen von Arbeits- und Werkzeugmaschinen bis ins Einzelne zu ermitteln.

Auf Grund der Ergebnisse dieser Forschungen, die in vielen Fällen zugleich eine Verbesserung der Fabrikationsmethoden brachten, kann nun zu jeder Arbeitsmaschine und zu allen Arbeitselementen der geeignete Motor und die geeignete Art der Drehzahlregulierung angegeben werden. Damit ist an sich das Problem der baulichen und betriebstechnischen Anpassung des Motors an die Arbeitsmaschine gelöst.

Die Verfeinerung des Betriebs durch Einführung und Entwicklung des elektromotorischen Antriebs hat naturnotwendig die Einrichtung verwickelterer Schalt- und Steuerapparate mit sich gebracht. Dabei hat sich herausgestellt, daß die dauernde und sachgemäße Bedienung dieser Apparate nicht mehr von Hand aus möglich ist, sondern nur durch Automatisierung des Betriebs erreicht werden kann. Diese Automatisierung ist heute zur höchsten Vollkommenheit entwickelt worden.

Beispielsweise gibt es eine Gruppe von Arbeitsmaschinen, bei welchen eine kontinuierliche Drehzahlregulierung zwischen weiten Grenzen und in kontinuierlichen Stufen notwendig ist. Dies wird durch ein mechanisches oder elektrisches Organ, das vom Arbeitsfortschritt oder von einer elektrischen Größe beeinflußt wird, dem Motor in präziser Weise aufgezwungen. Der Prototyp dieser Klasse von Reguliereinrichtungen ist der Spinnregler in der Textilindustrie, der beim Aufwickeln des Fadens auf eine konische Spindel den Fadenzug konstant hält und die lästigen Fadenbrüche auf ein Mindestmaß beschränkt. Der Vorteil dieser Regulierung macht sich besonders beim Antrieb mehrerer Spindel geltend, da nur mehr selten die ganze Gruppe von Spindeln wegen eines Fadenbruches an einer Spindel stillgesetzt werden muß. Durch diese automatische Drehzahlregelung bei den Ringspinnmaschinen auf gleichbleibende Fadenspannung werden alle Seiten der Garnerzeugung, die Fadeneigenschaften (Festigkeit und Dehnungsfähigkeit), die Erzeugungsmenge und die Bedienungsbeanspruchung verbessert.

Bei einer andern Gruppe von Arbeitsmaschinen, z. B. bei den Rotationsdruckmaschinen wird keine kontinuierliche Drehzahlregulierung, sondern die Einstellung mehrerer Drehzahlstufen verlangt. Für diese Antriebe wurde die sog. Druckknopfsteuerung entwickelt. Durch Betätigung eines Druckknopfes wird die sog. Schützensteuerung in Gang gesetzt und die verlangte Drehzahl automatisch in technisch einwandfreier Weise eingestellt. Der Vorgang wird durch das Meisterschütz überwacht und geregelt und die bei manueller Bedienung unvermeidlichen Fehlschaltungen sind vermieden. Meist sind gewisse Sperreinrichtungen vorgesehen, um zu erreichen, daß ein gegebenes Kommando sicher durchgeführt und nicht gestört werden kann.

In welchem Umfang die Automatisierung bei Anlagen durchgeführt werden muß, die von Laien bedient werden können, zeigt das Beispiel der Personenaufzüge (Lifts). Man hatte früher in der Kabine zwei Reihen von Druckknöpfen angeordnet, die eine zum Kommando für die Auffahrt und die andere für die Abfahrt. Je nachdem, ob der Fahrgast nach Oben oder nach Unten fahren wollte, mußte er den betreffenden Druckknopf der einen oder andern Reihe betätigen. Es hat sich aber gezeigt, daß dabei noch zu hohe Ansprüche an manchen Fahrgast gestellt werden, der sich nicht klar wurde, welche Reihe er wählen soll. Deshalb wird bei Fahrstühlen nunmehr eine einzige Druckknopfreihe angeordnet, so daß keine Überlegung mehr für die Auswahl der in Frage kommenden Druckknopfreihe notwendig ist. Durch geeignete Einrichtungen (Kopierwerk, Stockwerksschalter) führt der Fahrstuhl automatisch die gewünschte Fahrtrichtung aus. Auch die sonstigen Abhängigkeits- und Verriegelungseinrichtungen sind sehr gut durchgebildet, so daß der Fahrstuhl ohne jede Gefahr des Versagens benützt werden kann.

Heute mögen manche Einrichtungen dank der Gewöhnung als selbstverständlich erscheinen; aber das, was uns heute als selbstverständlich erscheinen mag, ist stets ein Problem gewesen.

Die zunehmende Anwendung des elektromotorischen Antriebs ist ein sicherer Beweis für die Vervollkommnung der Arbeitsmaschinen durch die bauliche und betriebstechnische Anpassung der Elektromotoren. Das Ergebnis dieser Entwicklung kann man durch die drei Kennzeichen zusammenfassen: Produktionssteigerung, Verbesserung der Güte der Erzeugnisse und Minderung des Aufwandes für Bedienung, Unterhaltung und für den Energiebedarf pro Einheit des erzeugten Gutes. Dies sind aber zugleich das Kennzeichen des wirtschaftlichen Fortschrittes auf dem Gebiet der elektromotorischen Antriebe.

Mit der Beseitigung der Transmissionen und Riemenantriebe werden zudem Vorteile gewonnen, die sich nicht in Zahlen ausdrücken lassen, aber doch von großer Bedeutung sein können, so z. B. die Verringerung der Unfallgefahr und der Betriebsstörungen, Gewinnung der freien Wahl des Platzes für die Aufstellung der Maschinen, Verbesserung der Helligkeit des Raumes usw.

Dank der wissenschaftlichen Durchdringung des Gebietes der elektromotorischen Antriebe besteht nun auch auf diesem Gebiet wie bei den Leitungen und im Dynamobau die Möglichkeit, die gefühlsmäßige Schätzung durch die exakte Berechnung zu ersetzen. Diese erfordert allerdings die genaue Kenntnis des Fertigungsprozesses und die genaue Kenntnis der Motoreigenschaften und der Regulierungen.

Technischer Teil.

Bei der Projektierung elektromotorischer Antriebe muß der Betriebseigenschaft der anzutreibenden Maschine ein geeignetes Verhalten des Elektromotors angepaßt werden. Deshalb müssen die Eigenschaften der beiden Teile bekannt sein.

A. Betriebseigenschaften.

I. Die anzutreibenden Maschinen.

Die Arbeitsmaschinen, Werkzeugmaschinen und die Maschinen der Fördertechnik kann man hinsichtlich ihrer Betriebseigenschaften in drei Gruppen einteilen.

1. Bei der ersten Gruppe nimmt das zu überwindende Drehmoment M_w mit der Winkelgeschwindigkeit ω (Drehzahl) nach einer Hyperbel ab; die Leistung N bleibt demnach konstant (Abb. 1). Zu dieser Gruppe gehören die Papierabrollmaschinen, die Schälermaschinen zum Abheben der Furniere, bei welchen der Papierzug bzw. die Spanstärke konstant gehalten werden müssen.

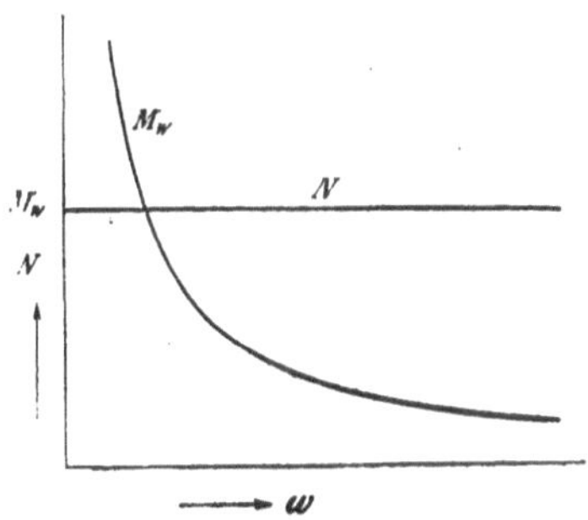

Abb. 1

Bei diesen Betrieben ist bei den niedrigen Drehzahlen das zu überwindende Drehmoment am größten und bei voller Drehzahl am kleinsten; deshalb muß ein Motor gewählt werden, welcher diesen erschwerten Bedingungen gewachsen ist. Bei der Projektierung solcher Betriebe muß darauf geachtet werden, innerhalb welcher Zeit die niedrige Drehzahl auf die normale Drehzahl anwächst.

Bei Papieraufrollern und beim Aufwickeln von Gespinsten und Fasern wird ein spiegelbildlich verlaufendes Drehmoment verlangt. Bei allen diesen Betrieben sind sehr präzise arbeitende Reguliereinrichtungen notwendig.

2. Bei der zweiten Gruppe muß der Motor eine konstante Zugkraft zur Überwindung der Bewegungswiderstände aufbringen; die Leistung des Motors steigt demgemäß linear mit der Drehzahl an (Abb. 2). Hierher gehören die Betriebe mit konstanter Anfahrbeschleunigung, die bei voller Drehzahl abgeschaltet werden. Besonders aber sind zu nennen die Hebezeuge aller Art, die Winden, Krane, Fördermaschinen, Aufzüge, Schrägaufzüge, Hebewerke, Bergbahnen, ferner die Kolbenpumpen, welche Flüssigkeiten auf eine bestimmte Förderhöhe pumpen, kurz alle Maschinen zur Überwindung der Erdschwere. Auch die Widerstände zur Formänderung weisen bei manchen Werkzeugmaschinen mehr oder weniger genau diese Charakteristik auf, so die Scheren, Pressen, Stanzen, Holzschleifer und die Walzwerke. Vielfach nimmt man an, daß die Reibung von der Geschwindigkeit unabhängig ist, beispielsweise die Reibung zwischen Rad und Schiene bei Straßenbahnen und Werkbahnen. Bei Hebezeugen berücksichtigt man die Reibung in den Getrieben und an den Spurlatten durch Einführung eines zusätzlichen Gewichtes und bei Pumpen durch Annahme einer zusätzlichen Förderhöhe.

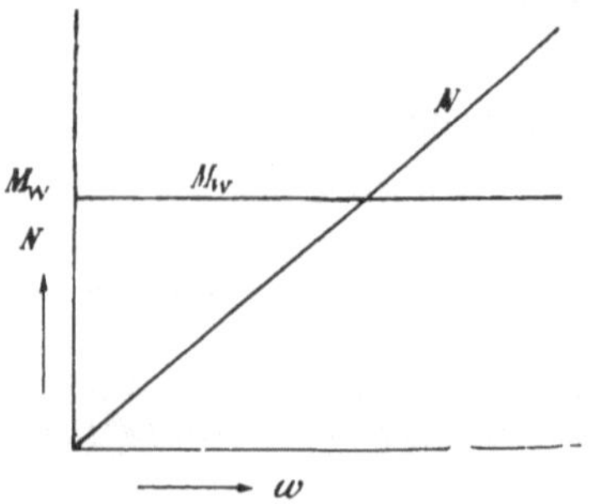

Abb. 2

Der Widerstand der Schwere kann zu einer treibenden Kraft werden, nämlich beim Senken der Last bzw. bei der Talfahrt eines Wagens. Hierbei kommt der große Vorteil des elektrischen Antriebes zur Geltung, nämlich daß die beim Senken der Last freiwerdende Energie in das Netz zurückgeliefert wird („Nutzbremsung"). Ferner hat die elektrische Bremsung den großen Vorteil vor der mechanischen Bremse, daß die Bremskraft sehr genau eingestellt werden kann und konstant bleibt. Bei manchen Betrieben, so bei Förderanlagen im Bergbau, ist die Möglichkeit der genau arbeitenden elektrischen Bremsung einer der Hauptgründe für die Einführung des elektrischen Antriebs[1]).

3. Bei der dritten Gruppe wächst das Moment der Bewegungswiderstände quadratisch mit der Drehzahl an und die Leistung mit der 3. Potenz (Abb. 3). Zu dieser Gruppe gehören alle Maschinen mit Schleuderwirkung, also die Lüfter, die Grubenventilatoren, die Schiffsantriebe, die Schleuderpumpen, die Rührwerke, die Zentrifugen usw. Auch bei geradliniger Bewegung kommt ein quadratisches Ansteigen des Luftwiderstandes vor, nämlich bei Vollbahnen, Schnelltriebwagen usw.

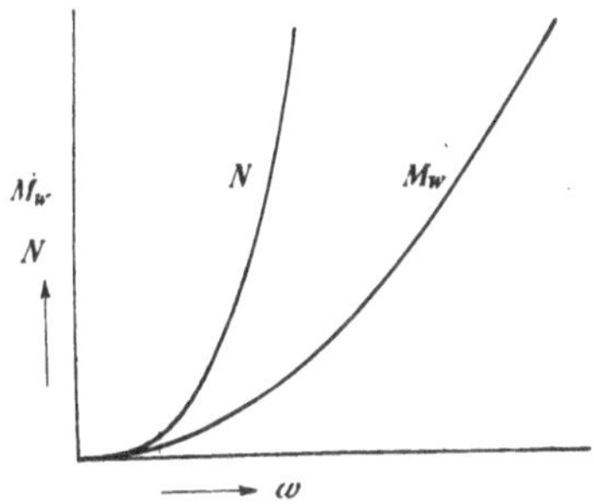

Abb. 3

Für diese Momentenkennlinie hat sich die Bezeichnung „Ventilatormoment" in der Praxis eingeführt. Dieser Antrieb ist, elektrisch gesehen, sehr vorteilhaft, weil beim Anfahren das Ventilatormoment sehr klein ist und in der Hauptsache nur die Beschleunigung der Massen zu leisten ist.

Außer diesen drei Gruppen ist noch der Antrieb zu erwähnen, bei welchem der Widerstand linear mit der Geschwindigkeit und die Leistung quadratisch anwachsen (Abb. 4). Zu dieser Gruppe gehören alle Maschinen zum Glätten und Glänzen von Geweben und Papier, also die Heißmangeln und insbesondere

[1]) Siehe Sammlung Göschen, Band, Nr. 678.

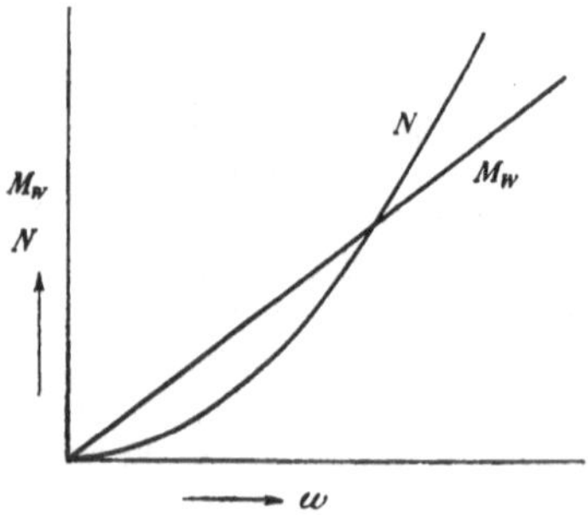

Abb. 4

die Kalander. Meist überwiegt aber bei diesen Betrieben das Anfahrmoment zur Überwindung der Reibung der Ruhe.

Keine von diesen Gruppen kommt in vollkommener Reinheit vor, vielmehr sind die wirklichen Momentenkennlinien meist Mischungen von mehreren Kennlinien. Das ist verständlich; denn bei allen Betrieben sind Reibungswiderstände vorhanden. Auch können die Kennlinien durch das Übertragungsmittel verzerrt werden, so daß man die ursprünglich Kennlinie nicht mehr ohne weiteres erkennen kann. Als Beispiel sei ein Hammerwerk genannt, wo die schweren Hämmer auf dem halben Weg einer Kurbelumdrehung gehoben werden. An sich gehört das Heben eines schweren Hammers in die Gruppe 2 der Betriebe. Ermittelt man aber den tangential am Kurbelzapfen angreifenden Widerstand, indem man das lotrecht nach abwärts gerichtete Gewicht des Hammers (unter Annahme einer unendlich langen Hubstange) in zwei Komponenten, senkrecht und in Richtung des Kurbelradius zerlegt, dann erhält man für die erstgenannte tangentiale Komponente eine Sinuslinie über dem halben Kurbelweg. Hier erscheint demnach der Widerstand als veränderlich und zwar als abhängig vom Weg. Ein anderer Fall liegt bei einer Förderanlage mit Bobinen vor, wo die Gurt als archimedische Spirale aufgewickelt wird. Obwohl dieser Betrieb zweifelsohne zur Gruppe 2 gehört, erscheint auch hier wegen der Eigenschaft des Übertragungsmittels das Moment des Widerstandes als abhängig vom Weg, den die Last zurücklegt.

II. Die antreibenden Maschinen.

Die große Zahl von Elektromotoren kann man in zwei Hauptgruppen teilen: In Motoren mit Hauptschlußverhalten (auch „Reihenschlußverhalten" genannt) und in Motoren mit Nebenschlußverhalten. Beide Arten unterscheiden sich wesentlich in ihren Eigenschaften.

1. Die Drehmomentencharakteristik. Nach dem Biot-Savardschen Gesetz besteht zwischen dem Drehmoment D, dem Ankerstrom I und dem magnetischen Fluß Φ die Beziehung

$$D = k \cdot i \cdot \Phi, \quad \text{(mkg)}$$

mit k als einer Konstanten.

Bei Motoren mit Reihenschlußverhalten wird der magnetische Fluß durch den Ankerstrom erzeugt und man kann mit genügender Genauigkeit annehmen

$$\Phi_H = c_H \cdot i,$$

mit c_H als einer Konstanten, so daß die Gleichung für Motoren mit Hauptschlußverhalten lautet

$$D_H = k_H \cdot i^2 \text{ (mkg)}.$$

Bei den Motoren mit Nebenschlußverhalten ist der magnetische Fluß konstant, also

$$\Phi_N = \text{konstant}.$$

Die Gleichung für Motoren mit Nebenschlußverhalten lautet demnach

$$D_N = k_N \cdot i \quad \text{(mkg)}.$$

Die beiden Charakteristiken (Abb. 5) sind im gleichen Maßstab dargestellt, indem das Drehmoment bei normalem Strom mit 100% bezeichnet ist. Bei größeren Strömen wächst das Drehmoment des Hauptschlußmotors stärker an als beim Nebenschlußmotor und nimmt bei gesättigten Magneten schließlich einen linearen Verlauf.

Nun ist beispielsweise beim Anfahren unter Vollast und großen Anfahrbeschleunigungen bei manchen Betrieben ein Anfahrdrehmoment vom doppelten Normalmoment und mehr

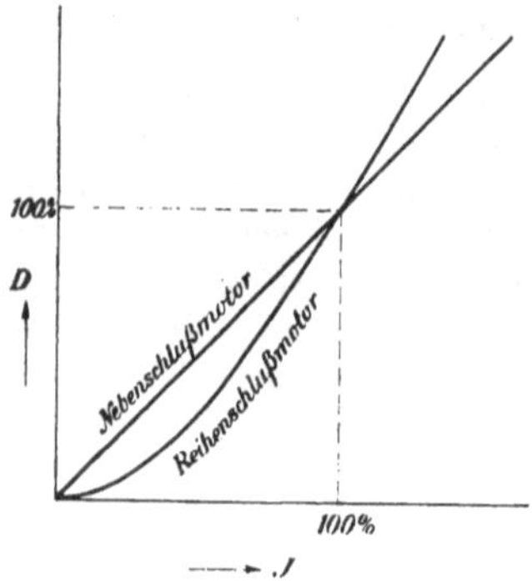

Abb. 5

gefordert. Dieses Moment gibt der Reihenschlußmotor bei kleinerer Stromaufnahme her als der Nebenschlußmotor. Man sagt deshalb: „Der Hauptschlußmotor zieht besser an als der Nebenschlußmotor“.

2. Die **Drehzahlcharakteristiken.** Beim Hauptschlußmotor sinkt die Drehzahl mit zunehmendem Drehmoment stark ab (Abb. 6), während beim Nebenschlußmotor die Drehzahl praktisch konstant ist. Nicht ganz exakt sagt man: „Der Nebenschlußmotor ist der Motor mit starrer Drehzahl.“

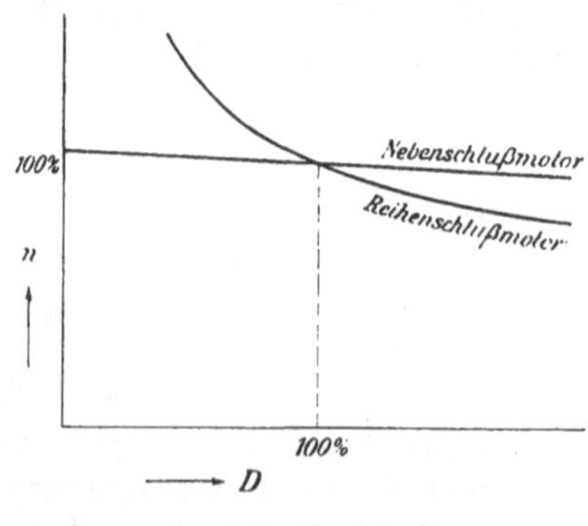

Abb. 6

Der Hauptschlußmotor geht bei vollständiger Entlastung durch, während der Nebenschlußmotor einer ganz bestimmten Leerlaufdrehzahl zustrebt.

Zu den Motoren mit Hauptschlußverhalten gehören: Der Gleichstromreihenschlußmotor, der Repulsionsmotor, der Wechselstromreihenschlußmotor und der Drehstromkommutatormotor mit Hauptschlußverhalten (Goergesmotor).

Zu den Motoren mit Nebenschlußverhalten gehören: Der Gleichstromnebenschlußmotor, der Drehstromsynchron-

und Asynchronmotor; der Drehstromkommutatormotor mit Ständer- bzw. Ankerspeisung und der Kruppmotor.

3. Inbetriebsetzung und Drehzahlregulierung der Motoren. Betreff der Mittel zur Inbetriebsetzung (Anlassen) der Motoren und der Drehzahlregulierung muß man zwischen Betrieben ohne Drehzahlregulierung und Betrieben mit Drehzahlregulierung unterscheiden.

a) Betriebe ohne Drehzahlregulierung. Bei den zahllosen Betrieben dieser Art wird für das Anlassen der Motoren am besten die „Grobschaltung“ gewählt, d. h. das Anlassen durch einfaches Einlegen des Netzschalters. Früher wurde dieses Verfahren von den Elektrizitätswerken auf Motoren mit Leistungen bis etwa 5 kW beschränkt, um zu große Stromstöße vom Netz fernzuhalten. Die großen Überlandwerke haben diese Beschränkung aufgehoben und heute werden Motoren mit Leistungen von 2000 kW in dieser Weise in Betrieb genommen.

Die Grobschaltung wird hauptsächlich zum Anlassen von Asynchronmotoren und Synchronmotoren mit asynchronem Anlauf verwendet. Wenn die Motoren unter Last anlaufen sollen, muß das Anzugsmoment so groß sein, daß das Gegenmoment der Last und das Moment zur Beschleunigung der Massen überwunden wird. Der einfache Asynchronmotor mit Kurzschlußläufer weist ein Anzugsmoment auf, das in der Regel bei oder unter dem halben Wert des Nennmomentes liegt. Diese Motoren sind deshalb nur für den Leeranlauf bzw. bei kleinem Lastmoment geeignet.

Die Einfachheit der Grobschaltung hat das Bedürfnis erweckt, auch beim Anlassen unter Last dieses Verfahren anwenden zu können. Es sind zahlreiche Verfahren zur Lösung dieser Aufgabe angegeben worden. Bei der einen Gruppe werden die Motoren mit Fliehkraft — Riemenscheiben versehen, durch welche der leer anlaufende Motor erst nach Erreichen einer gewissen Drehzahl und damit eines genügenden Drehmomentes mit der Arbeitsmaschine gekuppelt wird. Diese Methode eignet sich deshalb nur für Betriebe mit Riemenantrieben. Bei einer andern Gruppe wird beim Anlauf eine Umschaltung im Rotorkreis vorgedommen. In der einfachsten Form wird im Rotor ein Anlaßwiderstand eingebaut, so daß das Anzugsmoment einen Wert bis nahe an das Kippmoment annimmt. In der Nähe der normalen Drehzahl wird der Widerstand durch einen Zentrifugalschalter kurzgeschlossen. In diese Gruppe gehören ferner alle Motoren mit Gegenschaltung von Wicklungsteilen des Rotors. Bei einer dritten Methode werden Umschaltungen von Wicklungsteilen im Ständerstromkreis vorgenommen. Der Ständer erhält beispielsweise zwei Wicklungen mit Anzapfung der einzelnen Phasen, die mittels einer Schaltwalze in verschiedenen Kombinationen mit einander verbunden werden können.

Bei allen Motoren dieser Arten wird auf die dem Kurzschlußläufer eigentümliche Einfachheit verzichtet. Dieser Nachteil wird vermieden und die Einfachheit des Asynchronmotors wieder hergestellt durch Ausbildung des Kurzschlußankers als Doppelnutläufer (Doppelkäfiganker) bzw. als Tiefnutläufer (Wirbelstromläufer). Diese Motoren können in Grobschaltung wie der einfache Asynchronmotor angelassen werden.

Beim Doppelkäfigmotor beträgt der Einschaltstromstoß das 5 bis 6fache und das Anzugsmoment das 2 bis 3fache der Normalwerte. Ist der Stromstoß zu groß, dann kann der Motor in Stern-Dreieckschaltung angelassen werden, der Strom steigt dann nicht über das 2fache des Nennstromes an und das Anzugsmoment beträgt etwa das 1fache des Normalwertes. Bei vielen Antrieben reicht dieses Moment zum Anfahren aus. Bei Anordnen eines Relais kann das Anlassen automatisch gesteuert werden. Der Motor weist ein ziemlich konstantes Anlaufmoment auf.

Beim Asynchronmotor mit Wirbelstromläufer tritt, unmittelbares Anlegen der vollen Spannung vorausgesetzt, der 3,5- bis 4,5fache Strom und das 1,2 bis 1,6fache Nenndrehmoment auf. Der Verlauf des Anlaufdrehmomentes gleicht ziemlich genau dem des normalen Kurzschlußankers. Dieser Motor ist wegen seiner guten Anlaufeigenschaften für **fast alle vorkommenden Antriebe**, bei welchen Grobschaltung angewendet werden soll, geeignet. Seine Vorteile treten besonders bei den Leistungen 10 bis 20 kW in Erscheinung.

Die Betriebserfahrungen hinsichtlich der Einfachheit der Bedienung und der Betriebssicherheit sind so günstig, daß nunmehr schon Motoren mit einer Typenleistung von etwa 2000 kW bei 125 Umdrehungen auf diese Weise angelassen werden.

b) Betriebe mit Drehzahlregulierung. Bei manchen Arbeitsmaschinen muß die Drehzahl in großen Grenzen kontinuierlich gesteigert werden, z. B. bei den Papierrollern, Ringspinnmaschinen, Furniermaschinen, Förderanlagen usw., bei andern müssen nur mehrere Drehzahlstufen eingestellt werden, z. B. bei Grubenventilatoren, Rotationsdruckmaschinen usw. Die Drehzahl der Motoren solcher Betriebe muß deshalb regulierbar sein. Hierfür gibt es verschiedene Methoden, die zugleich für das Anlassen der Motoren geeignet sind.

Die Drehzahlregulierung mit den Vorschaltwiderständen R_1; R_2; R_3 ... im Ankerkreis ist bei Gleichstrom- und bei Asynchronmotoren anwendbar. Dabei ändert sich der Charakter der Drehzahlkennlinie. Bei Motoren mit Hauptschlußverhalten (Abb. 7) fallen die Drehzahlen noch stärker ab und bei Motoren mit Nebenschlußverhalten (Abb. 8) geht dieses überhaupt verloren. In den Vorschaltwiderständen treten dabei Verluste auf und zwar gilt bei Betrieben mit konstantem Moment, daß die Verluste, bezogen auf die zugeführte Leistung gleich dem Drehzahlabfall bezo-

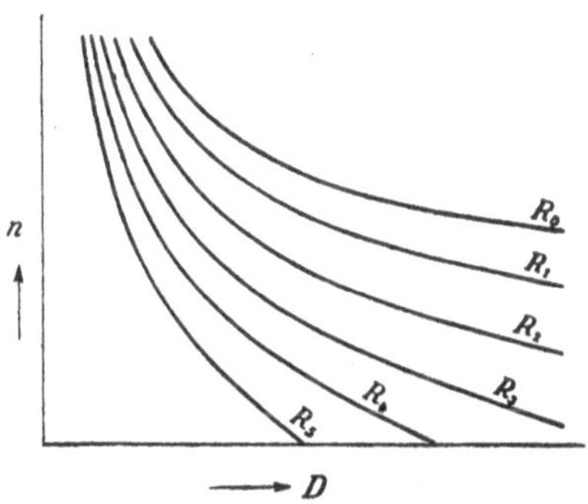

Abb. 7

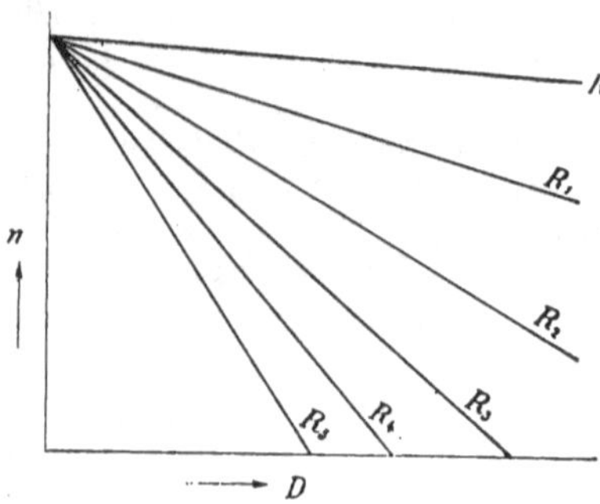

Abb. 8

gen auf die ideelle Leerlaufdrehzahl sind. Der Widerstand bei Gleichstrommotoren muß so gewählt werden, daß der Einschaltstrom in zulässigen Grenzen bleibt und bei Asynchrommotoren so, daß das notwendige Anzugsmoment, bestenfalls gleich dem Kippmoment wird.

Bei Betrieben, wo es auf genaues Regulieren und sachgemäßes Anlassen ankommt, insbesondere bei Motoren für schwere Betriebe oder bei großen Schwungmomenten der Arbeitsmaschine wird die Drehzahlregulierung automatisch gesteuert. Dabei wird die Fortschreitung des Anlaß- und Reguliervorganges je nach den Betriebbedingungen durch Stromwächterschütze, durch Spannungswächterschütze oder durch Zeitwächterschütze geregelt. Bei diesen Betrieben ist es notwendig, daß die Stufung der Widerstände unter Berücksichtigung des Lastmomentes und der zu beschleunigenden Massen sorgfältig berechnet wird, damit die automatische Regulierung funktioniert.

Wenn in einem Betrieb sehr häufig angelassen werden muß, kann die Anlaßmethode mit Widerständen selbst dann in Frage kommen, wenn keine Drehzahlregulierung nach dem Anlassen verlangt ist. Bei der Widerstandsmethode wird nämlich die Verlustenergie außerhalb des Motors, d. h. in den Anlaßwiderständen in Wärme umgesetzt, während bei Verwendung der an sich für die Grobschaltung in Frage stehenden Doppelkäfig- bzw. Wirbelstrommotoren die Verluste im Motor selbst in Wärme umgesetzt werden, so daß eben bei häufigem Anlassen die Gefahr zu starker Erwärmung dieser Motoren auftritt.

Die Drehzahlregulierung und das Anlassen durch Spannungsänderung kommt in der Hauptsache für Gleichstrommotoren und für Wechselstrom-Kommutatormotoren mit Hauptschlußverhalten in Anwendung. Dabei ergeben sich die in den Abb. 9 und 10 für Motoren mit Hauptschluß- und mit Nebenschluß-Verhalten dargestellten Drehzahlcharakteristiken. Bei dieser Reguliermethode bleibt der ursprüngliche Charakter der Drehzahlkennlinie erhalten.

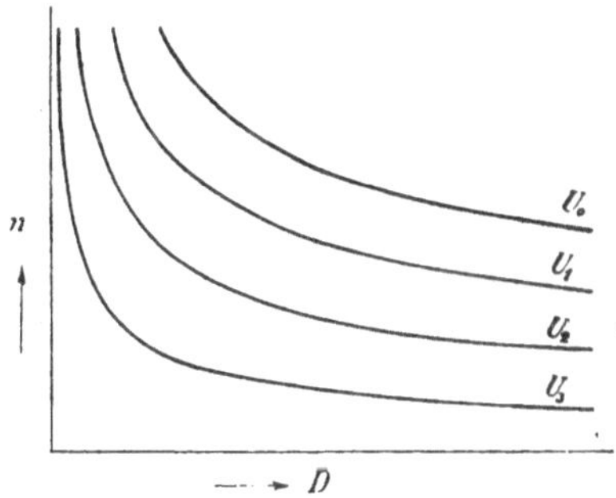

Abb. 9

Bei Gleichstromantrieben kann man die Motoren gegebenenfalls an Netze mit verschiedenen Spannungen (65; 110; 220 V) oder an Akkumulatoren mit Anzapfungen anschließen.

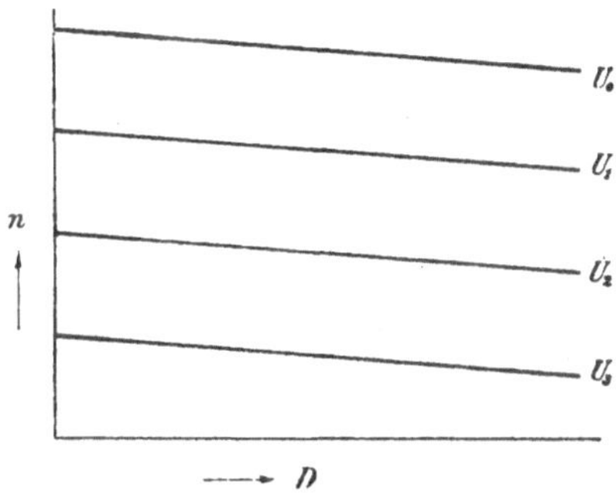

Abb. 10

Die ideale und in ihren Eigenschaften unerreichte Methode der Spannungsregulierung ist die Ward Leonardschaltung. Dabei kommt die besondere Eigenschaft des Nebenschlußmotors zur Geltung, daß sich bei jeder Stellung des feingestuften Nebenschlußreglers der Anlaßmaschine eine ganz bestimmte und von der Belastung praktisch unabhängige Drehzahl einstellt. Man gewinnt dabei den großen Vorteil, gewisse Sicherheitseinrichtungen treffen zu können. Beispielsweise kann man bei Förderanlagen durch Anordnen von Schablonen am Teufenzeiger den Steuerhebel des Nebenschlußreglers so führen lassen, daß der Maschinist gezwungen ist, ein ganz bestimmtes Förderdiagramm zu fahren. Das Umsteuern wird durch Verschieben des Steuerhebels in der einen oder andern Richtung bewerkstelligt. Durch diese einfache Methode des Umsteuerns ist es bei Duowalzwerken gelungen, die Zahl der Stiche und damit die Produktion ganz wesentlich zu steigern.

Die Ward Leonardschaltung wird auch bei Antrieben mit kleineren Leistungen verwendet, so z. B. bei den Diesel-elektrischen Triebwagen, um den Dieselmotor dauernd mit konstanter Drehzahl laufen zu lassen und Schaltgetriebe, wie sie beim Auto verwendet sind, zu vermeiden. Hier stellt die Ward Leonardschaltung sozusagen eine elastische Kupplung zwischen Motor und Dieselmaschine dar.

In Konkurrenz mit der Leonardschaltung steht die Anwendung der Stromrichter mit Gittersteuerung, die wirtschaftlich und technisch manche Vorteile bieten.

Die Drehzahlregulierung der Einphasen-Reihenschlußmotoren im Vollbahnbetrieb durch regelbare Transformatoren stellt auch eine Art Ward Leonardschaltung für Wechselstrom dar.

Bei Straßenbahnen wird die Parallel-Reihenschaltung mehrerer Motoren in Kombination mit der Widerstandsregulierung zum Anfahren und zur Drehzahlregulierung angewendet.

Zum Anlassen und zur Drehzahlregulierung von Asynchronmotoren mit Kurzschlußläufer ist die Anlaßmethode durch Spannungsänderung im allgemeinen untauglich, da beim Anfahren mit geringer Spannung das Anzugsmoment sehr klein ist und höchstens für den Leeranlauf ausreicht. In diese Gruppe gehört auch das Anlassen mit der Stern-Dreieckschaltung; hier ist das Anzugsmoment ein Drittel des Nennmoments, so daß das Anfahren noch bei kleiner Last möglich ist.

Es gibt aber Ausnahmefälle, in denen man im Leerlauf das Anlassen mit Spannungsänderung bei Asynchronmotoren anwenden muß, so z. B. beim Anfahren von Abteufpumpen in Schächten, wo man wegen der einfachen Energiezuführung zum Asynchronmotor mit Kurzschlußanker greifen muß. Die Spannungsänderung kann dabei durch Vorschalten von Widerständen im Ständerkreis oder durch Anzapftransformatoren vorgenommen werden.

Durch Frequenzänderung kann die Drehzahl sowohl bei den Asynchron- als auch bei den Synchronmotoren in weiten Grenzen geändert werden, wenn sie von eigenen Generatoren gespeist werden, indem man die Drehzahl der Generatoren ändert. Diese Art der Regulierung wird beim Antrieb von Schiffsschrauben angewendet.

Wenn keine stetige Drehzahlregelung verlangt ist, sondern nur eine Einstellung im Verhältnis 1:2; 3:4; 4:5; 5:6 kann ein Asynchronmotor mit Polumschaltung verwendet werden, wovon häufig Gebrauch gemacht wird. Genügt die Regulierung im Verhältnis 1:2, dann beträgt das Drehmoment bei der großen Polpaarzahl etwa die Hälfte desjenigen bei der kleinen Polpaarzahl. Das Nebenschlußverhalten des Asynchronmotors bleibt dabei erhalten.

Die Drehzahlregulierung durch Bürstenverschiebung ist die Standardmethode der Kommutatormotoren mit Ausnahme des Einphasenmotors. In der Feinheit und Kontinuität ist sie der Ward Leonardschaltung ebenbürtig. Sie tritt deshalb auch bei vielen Betrieben an ihre Stelle; denn auch bei diesen Motoren bleibt die Drehzahlkennlinie in ihrer Form erhalten. Auch an Einfachheit wird diese Methode von keiner andern Drehzahlregulierung erreicht: Es sind keinerlei Zubehörteile wie Regulierwiderstände Schaltapparate oder Reguliedynamos notwendig.

Die Kaskadenschaltung wird sehr häufig bei Asynchronmotoren für grobstufiger Drehzahleinstellung verwendet und zwar mit einem zweiten Asynchronmotor als Hintermotor. Dabei strebt das Aggregat einer synchronen Drehzahl zu, die der Summe der Polpaarzahlen der beiden Motoren entspricht. Führt man die beiden Motoren mit verschiedenen Polpaarzahlen aus, dann können noch die Drehzahlen der einzelnen Motoren hergestellt werden. Besitzt beispielsweise der Hauptmotor 6 und der Hintermotor 4 Polpaare, dann erhält man die Drehzahlen 300; 500; 750 Umdrehungen als Drehzahlstufen.

Vor der Einführung der Drehstromkommutator-Motoren sind für die Drehzahlregelung des Asynchronmotors viele Kaskadenanordnungen entwickelt worden. Seit der Einführung der genannten Drehstrommotoren mit Drehzahlregelung durch Bürstenverschiebung sind diese Kaskaden nicht mehr so häufig zur Anwendung gekommen, da sie wesentlich teurer in der Anschaffung sind. Wenn es sich jedoch noch darum handelt, den Leistungsfaktor des Asynchronmotors zu verbessern, ist ihre Anwendung durchaus am Platz.

4. Die Umsteuerung der Drehrichtung (Reversieren) ist bei vielen Betrieben von größter Bedeutung, es sei nur an die Kranbetriebe, Walzwerke, Förderanlagen usw. erinnert.

Die Drehrichtung des Motors ist bestimmt durch die Richtung des magnetischen Feldes und des Ankerstroms. Beim Umsteuern muß entweder das magnetische Feld oder der Ankerstrom umgeschaltet werden. Bei Motoren mit kleineren Leistungen benützt man hierzu die sog. Wendeanlasser, bei welchen das Umsteuern durch Bewegen des Anlassers in der einen oder andern Richtung bewerkstelligt wird. Bei der Verwendung der Ward Leodardschaltung bleibt die Erregung des die Arbeitsmaschine antreibenden Motors ungeändert, dagegen wird die Richtung des Ankerstroms umgeschaltet. Um die Verbindungsleitungen zwischen den Ankern der Steuerdynamo und des Motors nicht zu unterbrechen, wird die Erregung der Steuerdynamo und damit ihre EMK umgeschaltet und damit die Richtung des Ankerstroms.

Sehr bequem ist die Umsteuerung bei den Kommutatormotoren, indem die Bürsten aus ihrer Ruhelage in der einen oder andern Richtung verschoben werden.

5. Die Motoren als elektrische Bremse. Die Elektromotoren wirken als Bremse, wenn sie vom Motorbetrieb in den Generatorbetrieb übergehen. Dabei kann die erzeugte Bremsenenergie ins Netz zurückgeliefert werden (Nutzbremsung). Der

Übergang vom Motor zum Generator kommt zustande, wenn die EMK des Motors die angelegte Spannung übersteigt. Dies geht bei der Ward Leonardschaltung automatisch vor sich, wenn der Motor beispielsweise beim Senken von Lasten (Einhängen von Lasten im Bergbau) die ideelle Leerlaufdrehzahl übersteigt. Beim Stillsetzen von Arbeitsmaschinen mit großen Schwungmomenten kommt bei Anwendung der Ward Leonardsteuerung der Überschuß der Motor-EMK dadurch zustande, daß die Spannung der Steuerdynamo rascher gesenkt wird als die Abnahme der EMK des Motors infolge des Drehzahlrückganges erfolgt. Der Übergang zur Bremse kommt dank der beispielsweise bei Förderanlagen getroffenen Steuereinrichtungen automatisch zustande.

B. Die Betriebsdiagramme.

Das Zusammenwirken zwischen Motor und Maschine wird durch die Betriebsdiagramme beschrieben. Diese geben den Verlauf der Geschwindigkeit, des zurückgelegten Weges, der Drehmomente und Leistungen abhängig von der Zeit an. Damit kann beurteilt werden, ob der Motor die gestellten Forderungen erfüllt und ob keine unzulässigen Beanspruchungen auftreten. Aus der aufgewendeten und der Nutzarbeit können der Wirkungsgrad und die Kosten des Betriebes berechnet werden.

Zur Lösung der gestellten Aufgabe müssen die Grundgleichungen der elektromotorischen Antriebe aufgestellt werden.

I. Die Grundgleichungen.

Man kann zwei Gruppen von Betrieben unterscheiden: Bei der einen Gruppe gelingt die Ermittlung der Betriebsdiagramme mit Hilfe des dynamischen Gesetzes der Mechanik allein. Bei der andern Gruppe muß auch die elektrische Gleichung über den zeitlichen Verlauf des Ankerstromes zur Lösung herangezogen werden, nämlich in Fällen sehr rasch verlaufender Vorgänge. Je nachdem ist also zur Lösung nur eine Differentialgleichung oder ein System von zwei simultanen Differentialgleichungen nötig.

1. Das dynamische Gesetz der Mechanik. Der Bewegungsvorgang von Körpergruppen hängt davon ab, wie groß die treibende Kraft P gegenüber den hemmenden Widerständen W der anzutreibenden Maschine ist. Es gelten die folgenden allgemeinen Gesetze:

Die Kraft ist größer als die zu überwindenden Widerstände. Der Körper erfährt in diesem Fall eine Beschleunigung, d. h. eine Zunahme der Geschwindigkeit und zwar ist diese Zunahme unter sonst gleichen Umständen um so größer, je größer der Überschuß an Kraft gegenüber den Widerständen und je kleiner die zu beschleunigenden Massen sind. War der Körper zuerst in Ruhe, dann kommt er in Bewegung; war er in Bewegung, dann wird die augenblickliche Geschwindigkeit weiter beschleunigt.

Die Kraft ist gleich dem zu überwindenden Widerstand. Der Körper behält in diesem Fall seine augenblickliche Geschwindigkeit bei. War er in Ruhe, dann bleibt er in Ruhe; war er in Bewegung, dann bleibt er in Bewegung unter Beibehaltung seiner Geschwindigkeit.

Die Kraft ist kleiner als der zu überwindende Widerstand. Die Geschwindigkeit des Körpers erfährt in diesem Fall eine Verzögerung, d. h. eine Abnahme der Geschwindigkeit und zwar ist die Verzögerung unter sonst gleichen Umständen um so größer, je größer der Mangel an Kraft ist. War der Körper vorher in Ruhe, dann bleibt er auch in Ruhe.

Die Änderung des Bewegungszustandes eines Körpers ist demnach vom Überschuß, Gleichgewicht oder vom Mangel an Kraft gegenüber dem Widerstand, also von der Differenz $(P - W)$ abhängig. Die Bewegungsänderung hängt aber auch von der Größe der Masse ab: je größer die Masse ist, um so langsamer gehen die Bewegungsänderungen vor sich. Die Vorgänge werden also durch die Gleichung beschrieben

$$b = \frac{dv}{dt} = \frac{P - W}{m}; \qquad (1)$$

darin bedeuten v die Geschwindigkeit, m die Masse des Körpers und b die Beschleunigung bzw. die Verzögerung. Aus dieser Gleichung kann man die folgenden Grenzwerte ablesen.

Ist der Widerstand der Bewegung gleich Null ($W = O$), liegt also der absolute Leerlauf vor, dann wächst die Geschwindigkeit proportional mit der Zeit an und zwar um so rascher, je kleiner die Masse ist. Der Endwert der Geschwindigkeit ist $v = \infty$.

Ist die Masse des Körpers gleich Null, dann wird $\frac{dv}{dt} = \infty$, d. h. die Endgeschwindigkeit würde sich ohne jede Verzögerung einstellen.

Wenn die Kraft P und der Widerstand W am Umfang eines Drehkörpers angreifen, dann rechnet man mit dem Drehmoment D der Kraft und mit dem Moment M der Bewegungswiderstände: statt mit der Masse hat man mit dem Trägheitsmoment Θ und statt mit der Geschwindigkeit v mit der Winkelgeschwindigkeit ω zu rechnen. Für die Drehbewegung lautet die Gleichung

$$\frac{d\omega}{dt} = \frac{D - M}{\Theta} \tag{1'}$$

Dies sind die dynamischen Grundgleichungen der elektromotorischen Antriebe.

In vielen Fällen besitzt das anzutreibende System gleichzeitig geradlinig bewegte und rotierende Massen. In diesem Fall empfiehlt es sich, alle Massen entweder auf nur geradlinig bewegte oder auf nur rotierende umzurechnen. Dies geschieht am besten in folgender Weise: Haben die mit den geradlinig bewegten Massen gekuppelten Rotationskörper die Winkelgeschwindigkeit ω_1, wenn die geradlinig bewegten Massen die Geschwindigkeit v_1 haben, so steckt im bewegten System bei diesen Geschwindigkeiten die kinetische Energie

$$A_1 = \frac{m\, v_1^2}{2} + \frac{\Theta\, \omega_1^2}{2} \quad \text{(kgm)}.$$

Man sucht nun diejenigen Massen m_i, welche bei der gleichen Geschwindigkeit v_1 die kinetische Energie A_1 besitzen würden; es soll also sein

$$\frac{m_i v_1^2}{2} = A_1 \text{ (kgm)};$$

daraus ergibt sich für die ideelle Masse m_i:

$$m_i = m + \frac{\Theta\,\omega_1^2}{v_1^2} \quad (\text{kg m}^{-1}\,\text{sek}^2);$$

und in ähnlicher Weise finden wir für die Umrechnung aller Massen in rotierende Massen

$$\Theta_i = \frac{m\,v_1^2}{\omega_1^2} + \Theta \ (\text{kg m sek}^2).$$

Man kann dann alle weiteren Rechnungen entweder mit nur geradlinig bewegten Massen m_i oder mit nur rotierenden Massen mit dem Trägheitsmoment Θ_i ausführen, was bequemer ist, als wenn man mit geradlinig bewegten und rotierenden Massen getrennt rechnen müßte.

Sind mehrere Körper mit den Trägheitsmomenten Θ_a, Θ_b ... z. B. mittels Zahnradvorgelege miteinander gekuppelt und sind die bezüglichen Winkelgeschwindigkeiten der rotierenden Körper ω_a, ω_b, ω_c . . ., so kann man auf Grund der Überlegungen, welche zu Gl. (23) geführt haben, alle Trägheitsmomente auf ein Trägheitsmoment Θ_i umrechnen, welches beispielsweise die Winkelgeschwindigkeit ω_a haben soll. Es ist

$$\frac{\Theta_i\,\omega_a^2}{2} = \frac{\Theta_a\,\omega_a^2}{2} + \frac{\Theta_b\,\omega_b^2}{2} + \frac{\Theta_c\,\omega_c^2}{2} + \cdots$$

Daraus ergibt sich

$$\Theta_i = \Theta_a + \Theta_b\left(\frac{\omega_b}{\omega_a}\right)^2 + \Theta_c\left(\frac{\omega_c}{\omega_a}\right)^2 + \cdots$$

Nun sind

$$\frac{\omega_b}{\omega_a} = \ddot{u}_b;\ \frac{\omega_c}{\omega_a} = \ddot{u}_c;\ \ldots.$$

die Übersetzungsverhältnisse der Vorgelege; also ist

$$\Theta_i = \Theta_a + \Theta_b\,\ddot{u}_b^2 + \Theta_c\,\ddot{u}_c^2 + \cdots$$

d. h. die Trägheitsmomente der mit verschiedenen Geschwindigkeiten rotierenden Massen werden auf eine bestimmte Geschwindigkeit umgerechnet, indem man sie mit dem Quadrat des zugehörigen Übersetzungsverhältnisses multipliziert und dann addiert.

In der Praxis wird vielfach nicht mit Trägheitsmomenten, sondern mit Schwungmomenten, auch kurz GD^2 genannt, gerechnet. Der Zusammenhang zwischen Trägheitsmoment und Schwungmoment ergibt sich aus folgender Überlegung. Die Masse m mit dem Gewicht G sei auf dem Umfang einer Scheibe mit dem Radius r als dünnes Band verteilt; das Trägheitsmoment der Masse m ist dann

$$\Theta = mr^2 \quad (\text{kg m sek}^2).$$

Wenn man das Gewicht G und den Durchmesser D einführt, ergibt sich

$$\Theta = \frac{GD^2}{4g} \qquad (\text{kg m sek}^2),$$

also ist das GD^2 der Scheibe:

$$GD^2 = 4g\,\Theta \qquad (\text{kg m}^2)$$

oder in Annäherung

$$GD^2 = 40\,\Theta \qquad (\text{kg m}^2).$$

2. Die graphische Integration. Die analytische Lösung der Differentialgleichungen (1) und (1') bereitet meist Schwierigkeiten, weil die Größen P und W bzw. D und M komplizierte Funktionen der Geschwindigkeit v bzw. ω sind. Es gibt auch Fälle, in welchen das Trägheitsmoment veränderlich und vom Winkelweg abhängig ist. Dies trifft bei Förderanlagen mit Bobinen zu[1]). Im folgenden soll gezeigt werden, daß in solchen Fällen am besten graphische Lösungsmethoden angewendet werden. Diese Lösungen sind natürlich nicht absolut genau, da sie zeichnerisch ausgeführt werden müssen. Man muß aber bedenken, daß auch die analytische Lösung nicht genau sein kann, weil man wesentliche Vereinfachungen treffen muß, um die Gleichungen integrieren zu können.

a) Ermittlung der Geschwindigkeit. Es handelt sich um die Integration der Gleichung

$$v = \int \frac{P - W}{m} \cdot dt; \qquad (\text{m sec}^{-1})$$

bzw.

$$\omega = \int \frac{D - M}{\Theta} \cdot dt \qquad (\text{sec}^{-1}).$$

[1]) Siehe Sammlung Göschen Bd. Nr. 678.

Wenn die Größen P, W und m bzw. D, M und Θ konstant sind, dann lautet die Lösung

$$v = \frac{P - W}{m} \cdot t + v_0; \qquad (\text{m sec}^{-1})$$

(v_0 bedeutet die Anfangsgeschwindigkeit, die der Körper zur Zeit $t = 0$ schon hatte) bzw.

$$\omega = \frac{D - M}{\Theta} \cdot t + \omega_0; \qquad (\text{sec}^{-1}),$$

d. h. die Geschwindigkeiten nehmen proportional mit der Zeit zu oder ab, je nachdem der Zähler positiv oder negativ ist. Das Wesen der graphischen Integration beruht nun darauf, daß man die beschleunigende Kraft $(P - W)$ bzw. $(D - M)$ während der Zeit Δt als konstant annimmt, so daß die Geschwindigkeiten während dieser Zeitelemente linear ansteigen, was einfach zu konstruieren ist.

Besonders einfach ist der Fall, daß die genannten Größen als Funktionen der Geschwindigkeit gegeben sind. Dies soll an Hand eines Beispiels gezeigt werden (Abb. 11).

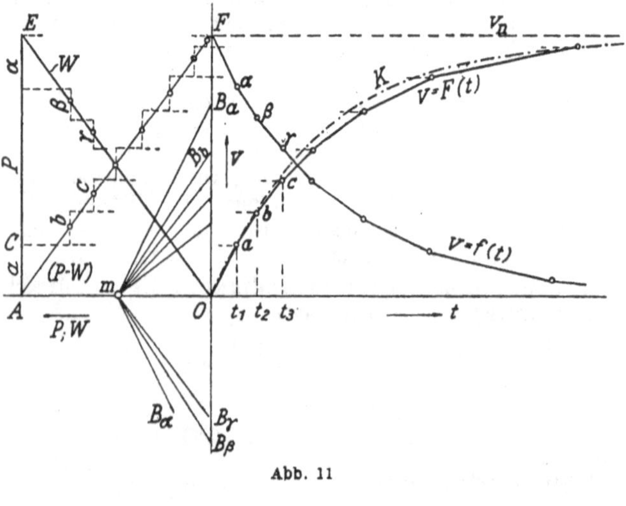

Abb. 11

In diesem Beispiel ist angenommen, daß die Kraft P konstant ist, während der Bewegungswiderstand W proportional mit der Geschwindigkeit anwachsen möge. Auf der $+X$-Achse wird die Zeit t, auf der $-X$-Achse die Kraft P und der Widerstand W aufgetragen und auf der $+Y$-Achse die Geschwindigkeit v. Die Strecke mO stellt die Masse des zu bewegenden Körpers dar. Nun bildet man $P - W$ und erhält die mit der Geschwindigkeit abfallende Gerade AF. Diese ersetzt man durch einen treppenförmigen Linienzug mit den Stufen a; b; $c \ldots$, d. h. man nimmt $P - W$ nicht als eine kontinuierlich verlaufende Kraft an, sondern als eine sich sprunghaft ändernde Kraft. Je schmäler man die Stufen wählt, um so mehr schmiegt sich der treppenförmige Linienzug der kontinuierlich verlaufenden Kraft an. In der Abb. 11 sind die Stufen sehr breit gewählt, ganz besonders die erste Stufe a, um die graphische Konstruktion des Geschwindigkeitsverlaufes deutlich zu machen.

Die Differentialgleichung (1) kann durch die Differenzengleichung ersetzt werden

$$\frac{\Delta v}{\Delta t} = \frac{P - W}{m}. \qquad (1)$$

Damit ist eine Proportion gewonnen, die zur folgenden Konstruktion benützt werden kann. Man macht die Strecke $OB_a = OA$, d. h. gleich der Höhe der ersten Stufe a; B_a wird mit m verbunden und hierzu die Parallele Ox durch O gezogen. Dabei ist at_1 gleich der Breite AC der ersten Stufe; denn die Zugkraft $(P - W)_a$ herrscht nur während der Geschwindigkeiten $v = O$ und $v = AC$.

Durch diese Konstruktion erhält man zwei ähnliche Dreiecke mOB_a und Ot_1a und die Proportion

$$\frac{t_1 a}{Ot_1} = \frac{OB_a}{Om}.$$

Durch Einsetzen der bekannten Werte wird

$$\frac{t_1 a}{\Delta t} = \frac{(P - W)_a}{m}.$$

Demnach stellt die Strecke $t_1 a$ den gesuchten Geschwindigkeits-Zuwachs Δv_a von $v = O$ bis $v = v_a$ dar.

Nun trägt man die Strecke OB_b, d. h. die Höhe der zweiten Stufe von O aus auf, verbindet B_b mit m und zeichnet hierzu die Parallele durch a; der weitere Verlauf der Geschwindigkeit ist dann durch die Strecke ab gegeben. In dieser Weise fährt man fort und findet den ganzen Verlauf $v = F(t)$.

Nun soll angenommen werden, daß der Körper zur Zeit $t = O$ die Geschwindigkeit $v = v_n$ hat, daß aber in diesem Augenblick der Motor abgeschaltet wird und die Kraft P deshalb den Wert $P = O$ annimmt. Der Körper würde mit der gleichen Geschwindigkeit weiterlaufen, wenn er nicht durch den Widerstand W abgebremst würde. Die Differenzengleichung lautet nunmehr

$$\frac{\Delta v}{\Delta t} = -\frac{W}{m}.$$

Um den Geschwindigkeitsverlauf auf graphischem Weg zu finden, ersetzt man die Gerade W des Widerstandes wieder durch einen treppenförmigen Linienzug mit den Stufen $\alpha; \beta; \gamma \ldots$; diese Stufen sind abermals sehr breit gewählt. Nun trägt man den Widerstand EF der ersten Stufe von O aus nach Unten auf entsprechend dem negativen Vorzeichen der rechten Seite der Gleichung. Dann wird der Punkt B_α mit m verbunden und durch F die Parallele hierzu gezogen. Damit ist der Abfall αF der ersten Stufe gefunden. Bei der weiteren Konstruktion wird die Höhe der zweiten Stufe β von O aus nach unten aufgetragen und der Punkt B_β mit m verbunden und durch α die Parallele hierzu gezogen. Damit ist der weitere Drehzahlabfall $\alpha\beta$ gefunden. In dieser Weise fährt man fort und erhält die Kurve $v = f(t)$.

Bei dem vorliegenden Beispiel ist der Verlauf von P und W so einfach gewählt, daß die Differentialgleichung auch analytisch gelöst werden kann und zwar lautet die Lösung für die anwachsende Geschwindigkeit

$$v = v_n(1 - e^{-t/T}) + v_0; \qquad (\mathrm{m\,sec^{-1}}) \qquad \text{(A)}$$

darin bedeutet e die Basis des natürlichen Logarithmus und

T ist eine Konstante. Die Gleichung für die abnehmende Geschwindigkeit lautet

$$v = v_n \cdot e^{-t/T}.[1] \qquad (A')$$

Für den Wert W des Widerstandes kann man schreiben

$$W = w \cdot v.$$

Die Lösung der Gleichung ergibt, daß die Konstante T die Bedeutung hat

$$T = \frac{m}{w} \qquad (\text{sec}).$$

Setzt man hierfür die Dimensionen von m und w ein, dann erhält man für T die Dimension einer Zeit; deshalb nennt man T auch die Zeitkonstante der Bewegung.

In die Abb. 11 ist die Kurve der Gl. (A) strichpunktiert eingetragen. Die Kurve der Gl. (A') ist das Spiegelbild dieser Kurve. Es zeigt sich, daß sich die konstruierte Kurve eng an die berechnete Kurve K anschmiegt, obwohl die Stufung der $(P - W)$-Geraden sehr grob gewählt wurde.

Da die Diagramme numerisch ausgewertet werden müssen, ist es notwendig, sie maßstäblich durchzuführen.

Man wählt beim Geschwindigkeits-Diagramm beispielsweise für die Einheit der Zeit (sec) μ_t mm; für die Einheit der Kraft und des Widerstandes (kg) μ_P mm; für die Einheit der Geschwindigkeit (m sec^{-1}) μ_v mm. Diese drei Maßstäbe kann

[1]) Bezüglich der Bedeutung der Anfangsgeschwindigkeit v_0 in der Gl. (A) sind die beiden Fälle zu unterscheiden: Bedeutet v_0 die Geschwindigkeit, die ein Körper vor dem Auftreten der Kraft P, beispielsweise bei einer Tahlfahrt, angenommen hat, dann beträgt die Endgeschwindigkeit nach dem Auftreten der Kraft P

$$v = v_n + v_0$$

Bedeutet dagegen v_0 die Anfangsgeschwindigkeit des freien Auslaufs, der sich nach der Gleichung

$$v = v_0 \cdot e^{-t/T}$$

einstellt, dann lautet die Gleichung für den Geschwindigkeitsverlauf nach Auftreten der Kraft P

$$v = v_n \cdot (1 - e^{-t/T}) + v_0 \cdot e^{-t/T}$$

und die Endgeschwindigkeit wird

$$v = v_n,$$

da die Auslaufgeschwindigkeit dem Wert $v_0 = 0$ zustrebt.

man frei wählen; damit ist dann der 4. Maßstab, nämlich für die Masse zwangläufig gegeben zu

$$\mu_m = \frac{\mu_t \cdot \mu_P}{\mu_v}$$

nach der Gleichung

$$m = \frac{dt \cdot (P - W)}{dv}$$

Von vier Größen können also für drei die Maßstäbe beliebig gewählt werden, nämlich so, wie es für die Zeichnung zweckmäßig ist; dann ist damit der Maßstab für die vierte Größe mitbestimmt. Gewöhnlich liegen die Verhältnisse so, daß man schon vor dem zeichnerischen Entwurf ungefähr weiß, innerhalb welcher Zeit die Vorgänge ablaufen, welche Höchstgeschwindigkeiten zu erwarten sind und welche Kräfte und Widerstände im Spiel sind. Sind die Maßstäbe hierfür gewählt, dann ist sicher auch der 4. Maßstab für die Darstellung geeignet.

Muß in das Diagramm auch der Weg eingetragen werden, dann ist zu beachten, daß der Maßstab für den Weg s (1 m, 1 km gleich μ_s mm) durch die Maßstäbe μ_t und μ_v festgelegt ist; es ist also zu wählen

$$\mu_s = \mu_t \cdot \mu_v,$$

entsprechend der Gleichung

$$s = v \cdot t.$$

Meist macht man aber die Erfahrung, daß auf diese Weise der Wegmaßstab zu groß wird. Man hilft sich dann in der Weise, daß man den Maßstab μ_v für die Konstruktion der Wegkurve auf das r-fache reduziert. Es wird dann

$$\mu_s = \mu_t \cdot \frac{\mu_v}{r}.$$

b) Ermittlung des Weges. Nach der Definition ist

$$v = \frac{ds}{dt} \quad (\mathrm{m\,sec^{-1}})$$

und damit

$$s = \int v \cdot dt + s_0 \quad \text{(m)},$$

hierin bedeutet s den zurückgelegten Weg und s_0 den zu Beginn der Untersuchung schon zurückgelegten Weg. Ist die Geschwindigkeit v konstant, dann lautet die Lösung

$$s = v \cdot t + s_0 \quad \text{(m)},$$

d. h. der Weg nimmt gleichmäßig mit der Zeit zu. Diese Gleichung bildet die Grundlage für die graphische Ermittlung der

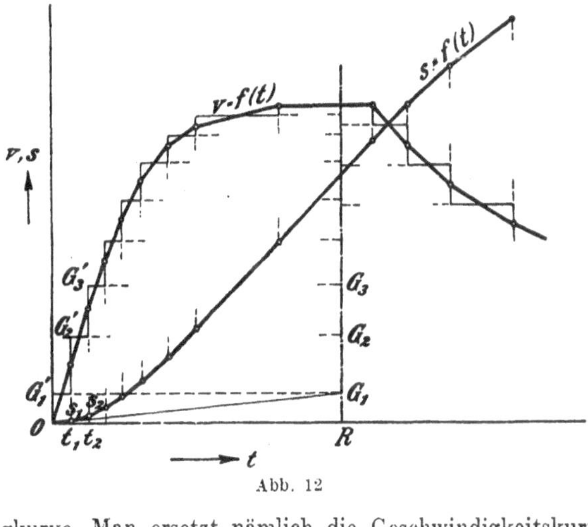

Abb. 12

Wegkurve. Man ersetzt nämlich die Geschwindigkeitskurve wiederum durch einen treppenförmigen Linienzug (Abb. 12), d. h. man nimmt stufenweise die Geschwindigkeiten als konstant an. Damit geht die Gl. für s über in die Differenzengleichung

$$\Delta s = v \cdot \Delta t.$$

Da der Maßstab μ_v der Geschwindigkeit auf das r-fache reduziert werden muß, lautet die Gleichung für die Konstruktion des Weges

$$\frac{\mu_s \cdot s}{\mu_t \cdot t} = \mu_v \cdot \frac{v}{r}.$$

Die Reduktion des Geschwindigkeits-Maßstabes braucht nicht rechnerisch durchgeführt zu werden; es ergibt sich vielmehr hierfür eine einfache graphische Konstruktion, indem man die Proportionalität entsprechender Seiten von zwei ähnlichen Dreiecken ausnützt.

In der Abb. 12 wird $OR = r$ gemacht und in R die Senkrechte auf die Abszissenachse errichtet. Die Höhe OG_1' der ersten Stufe wird auf die Senkrechte in R projiziert, ergibt den Punkt G_1. Dieser wird mit O verbunden; dann stellt die Strecke $t_1\, s_1$ den nach der Zeit Ot_1 zurückgelegten Weg dar, wie man aus der Ähnlichkeit der beiden Dreiecke Ot_1s_1 und ORG_1 ableiten kann. Den weiteren Verlauf findet man, indem man die Höhe der nächsten Stufe auf die Senkrechte in R projiziert, G_2 mit O verbindet und durch s_1 die Parallele zu dieser Verbindungslinie zieht. Damit ist der Weg während der Zeit von $t = O$ bis $t = Ot_2$ gefunden. In dieser Weise findet man durch Fortsetzen der beschriebenen Konstruktion den Weg $s = f(t)$.

3. Die elektrodynamische Grundgleichung. Die Elektromotoren stellen Stromkreise mit der Induktivität L (auch „elektromagnetische Trägheit" genannt) und dem Ohmschen Widerstand R dar. Wird an den Motor plötzlich eine Spannung U angelegt oder die vorhandene Spannung sehr rasch gesteigert oder vermindert, dann ändert sich der Strom nicht augenblicklich, sondern mit zeitlicher Verzögerung. Für Gleichstrommotoren und Gleichspannungen ergeben sich dabei die folgenden Gesetze.

Die zeitliche Stromänderung ist von der Größe der angelegten Spannung U abhängig; dabei ist aber nur der um den Spannungsabfall im Ohmschen Widerstand verminderte Teil der angelegten Spannung wirksam, also der Betrag $(U - i \cdot R)$. Die zeitliche Stromänderung $\frac{di}{dt}$ ist von der Größe der elektromagnetischen Trägheit abhängig; je größer diese ist, um so langsamer geht die Stromänderung vor sich. Der Vorgang wird also durch die Gleichung beschrieben

$$\frac{di}{dt} = \frac{U - R \cdot i}{L} . \qquad (2)$$

Daraus kann man die folgenden Grenzwerte ablesen. Wäre der Widerstand R gleich Null, dann würde der Strom linear mit der Zeit anwachsen und zwar (theoretisch) bis auf den Wert $i = \infty$ und dies um so rascher, je größer die Spannung U und je kleiner L ist.

Ferner, wenn

$$(U - R \cdot i) = 0$$

ist, dann ist nach Gl. (2) die Stromänderung gleich Null, d. h. es ist der Endwert des Stromes erreicht und nach dem Ohmschen Gesetz ist

$$i_n = \frac{U}{R} \cdot \text{(Amp.)}$$

Ist $L = 0$, dann ist $\frac{di}{dt} = \infty$, d. h. es stellt sich sofort der durch das Ohmsche Gesetz bestimmte Strom i_n ein.

Wird schließlich bei einem gewissen Strom die Spannung $U = 0$, dann wird die Stromänderung $\frac{di}{dt}$ negativ, d. h. der Strom fällt auf den Wert $i = 0$ ab.

Man sieht, daß zwischen den Gleichungen 1 und 2 eine vollkommene Analogie herrscht. Man kann deshalb die Lösung der Differentialgleichung mit entsprechender Änderung der Symbole übernehmen und erhält als Lösung für den Stromanstieg

$$i = i_n\,(1 - e^{-t/T}) \qquad \text{(Amp.)}. \qquad \text{(B)}$$

Die Kurve dieser Gleichung ist für den Fall, daß der Anfangsstrom $i_0 = 0$ ist, in der Abb. 13 dargestellt mit der Anschrift $i = F(t)$; sie entspricht vollkommen der strichpunktierten Kurve K in Abb. 11.

Wenn die Spannung $U = 0$ wird, nimmt der Strom nach der Gleichung

$$i = i_n \cdot e^{-t/T} \qquad \text{(Amp.)} \qquad \text{(B')}$$

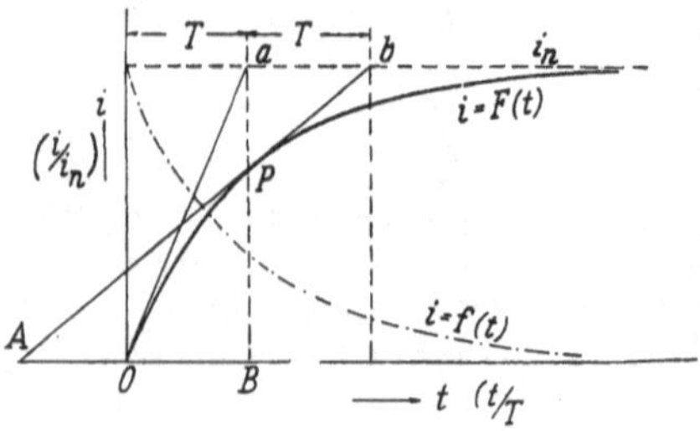

Abb. 13

ab (Kurve $i = f(t)$ der Abb. 13). In diesen Gleichungen hat T wieder die Dimension einer Zeit und wird Zeitkonstante des Stromkreises genannt. Es ist

$$T = \frac{L}{R} \text{ (sec)};$$

denn R hat die Dimension cm/sec und L die Dimension einer Länge (cm).

Die „Exponentialfunktion" (Gl. B) besitzt eine merkwürdige Eigenschaft, die bei der graphischen Integration von Nutzen sein kann. In der Abb. 13 ist im Punkt P die Tangente an die Stromkurve angelegt, deren Verlängerungen und das Lot durch P die Strecken AB auf der X-Achse und auf der Horizontalen durch i_n die Strecke ab abschneidet. Die Gleichung der Subtangente lautet

$$AB = \frac{i}{di/dt};$$

durch Differentieren der Gl. (B) findet man

$$\frac{di}{dt} = i_n \cdot \frac{1}{T} \cdot e^{-t/T};$$

also wird durch Substitution

$$AB = \frac{i \cdot T \cdot e^{t/T}}{i_n};$$

Aus den ähnlichen Dreiecken aPb und APB kann man die Proportion ableiten

$$ab : AB = aP : BP = \frac{i_n - i}{i};$$

also wird

$$ab = \frac{T \cdot e^{-t/T}}{i_n} \cdot (i_n - i)$$

und wenn man den Wert für i aus der Gl. (B) einsetzt, dann erhält man für die Strecke ab

$$ab = T \qquad \text{(sec)}$$

Dies gilt für alle Tangenten an die Kurve. Die Kurve $i = F(t)$ ist also die Einhüllende einer Tangentenschar; das gleiche gilt für die Kurve $i = f(t)$.

4. Die graphische Konstruktion des Stromverlaufs. Da die Gl. (2) vollkommen analog mit der Gl. (1) ist, kann die dort angegebene graphische Methode ohne weiteres auch für die Ermittlung des Stromverlaufes angewendet werden. Man hat dabei den in der Abb. 11 angegebenen Größen nur die folgenden Bedeutungen beizulegen: Für P ist U einzuführen, für W das Produkt $R \cdot i$ und für $(P - W)$ ist zu setzen $(U - R \cdot i)$; die Strecke Om hat die Bedeutung der elektromagnetischen Trägheit L. Die + Y-Achse ist die Stromachse und die — Y-Achse ist die Spannungsachse. Auch der Stromverlauf für $U = O$ kann wie der Auslauf der Geschwindigkeit konstruiert werden.

Betreff der Maßstäbe ist zu beachten: Die Maßstäbe für i; t und U können frei gewählt werden; dann ist der Maßstab für L gegeben durch die Gleichung

$$1 \text{ Henry} = \mu_L \text{ mm} = \frac{\mu_U \cdot \mu_t}{\mu_i}.$$

Damit sind alle Unterlagen für die Konstruktion der Betriebdiagramma geschaffen.

II. Beispiele.

An Hand von einigen typischen Beispielen soll die Anwendung der graphischen Methoden gezeigt werden. Bei den ersten drei Beispielen genügt die dynamische Grundgleichung der Mechanik allein zur Lösung der Diagramme Bei weiteren drei Beispielen sind zum Entwurf der Diagramme die beiden Grundgleichungen, der Mechanik und der Elektrotechnik notwendig.

1. Bei der Anwendung der **dynamischen Grundgleichung** allein ergeben sich die einfacheren Diagramme.

a) Im **ersten** Beispiel soll das Diagramm für Antriebe entworfen werden, bei welchen das **Geschwindigkeitsdiagramm vorgeschrieben**, also gegeben ist, um mit dem einfachsten Fall zu beginnen. Das Diagramm (Abb. 14a) besteht aus der Anfahrzeit t_a mit der gleichförmigen Beschleunigung p_a; darauf folgt die Zeit t der vollen Fahrt und schließlich die Auslaufzeit t_v mit der gleichförmigen Verzögerung p_v.

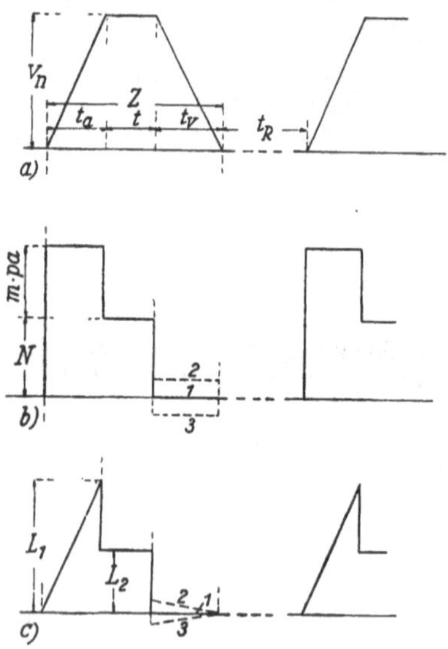

Abb. 14a. b, c

In die Gruppe dieser Betriebe gehören alle Arten von Hebezeugen und mehrere Werkzeugmaschinen für die Formänderung der Werkstücke. Bei Hebezeugen wird während der ganzen Zeit Z des „Treibens" die Nutzlast N gehoben (meist vermehrt um den Reibungswiderstand). Während der Zeiten t_a und t_v tritt hierzu noch der Widerstand der Massenträgheit $m \cdot p_a$ bzw. $m \cdot p_v$. Zur Masse m muß außer der Masse der Nutzlast noch die Masse der auf geradlieniger Bewegung umgerechneten Trägheitsmomente der rotierenden Teile gerechnet werden. Bei schweren Hebezeugen, den Förderanlagen enthält m auch noch die Masse des Förderseils. Damit ergibt sich für die aufzubringenden Zugkräfte das Diagramm der Abb. 14b. Hinsichtlich des Stillsetzens ist noch zu erwähnen, daß meist der freie Auslauf angestrebt wird, indem man die Verzögerung zu

$$p_v = N/m$$

wählt (in der Abb. mit „1" bezeichnet). Ist der freie Auslauf nicht möglich, so ist die Zugkraft während der Verzögerung positiv (Fall 2) bzw. negativ (Fall 3) einzutragen, je nachdem, ob der Motor noch mithelfen muß, die Last zu heben oder ob er bremsen muß, um an der vorgeschriebenen Stelle zu halten.

Das Zugkraft- bzw. Drehmomentendiagramm ist sehr wichtig für die Dimensionierung des Elektromotors, dessen Größe ja davon abhängt.

Als Zahlenbeispiel seien die Werte einer ausgeführten Förderanlage angeführt: Teufe 700 m; Nutzlast je Zug 3900 kg; sämtliche Massen auf das Seil bezogen 6167 ME; Fördergeschwindigkeit 18 m/sec; Reibungswiderstand des ganzen Getriebes wurde zu 15% der Nutzlast angenommen, also zu 600 kg. Damit wird $N = 4500$ kg. Die Beschleunigung ist zu $p_a = 0{,}9$ m/sec^2 gewählt; für die Verzögerung wurde der freie Auslauf vorgeschrieben, nämlich

$$p_v = \frac{4500}{6167} = 0{,}73 \qquad \text{m sec}^{-2}.$$

Damit ergeben sich die folgenden Zeiten und Wege s

$$t_a = \frac{v_n}{p_a} = 20\text{ sec};\; s_a = \frac{v_n}{2}\cdot t_a = 180\text{ m};$$

$$t_v = 24{,}6\text{ sec};\; s_v = 222\text{ m}.$$

Für den Weg und die Zeit der vollen Fahrt bleiben

$$s_t = 700 - 402 = 300\text{ m};\; t = 16{,}65\text{ sec}.$$

Die Verhältnisse in der Abb. 14 sind nach diesen Werten gewählt.

Nun kann die Zugkraft berechnet werden. Während der ganzen Zeit $Z = 61{,}3$ sec muß die Last $N = 4500$ kg gehoben werden. Darüber lagert sich die zur Überwindung der Massenträgheit notwendige Zugkraft

$$m \cdot p_a = 5550 \text{ kg}$$

bzw.

$$m \cdot p_v = -4500 \text{ kg}.$$

Während der Verzögerung ist die resultierende Zugkraft gleich Null, da freier Auslauf gewählt wurde. Im Diagramm gilt also die mit 1 bezeichnete Linie.

Die Leistungen betragen:

Die Spitzenleistung am Ende der Beschleunigung beträgt $10050 \cdot 18 = 181000$ mkg sec^{-1} bzw. 2410 PS bzw. 1770 kW; die Leistung steigt von der Zeit $t = 0$ an linear bis zur Spitzenleistung an.

Die Leistung bei voller Fahrt beträgt $4500 \cdot 18 = 860000$ mkg sec^{-1} bzw. 1080 PS bzw. 794 kW.

Die aufgebrachte Arbeit beträgt:
Während der Anfahrzeit

$$1770 \cdot v_n/2 = 17700 \text{ kWsec bzw. } 4{,}94 \text{ kWh};$$

während der vollen Fahrt

$$794 \cdot 18 = 13200 \text{ kWsec bzw. } 3{,}67 \text{ kWh},$$

zusammen demnach 8,61 kWh pro Zug.

Da für die Reibung 15% der Nutzlast beträgt, ergibt sich für die reine Nutzlast der Verbrauch von

$$8{,}61 \cdot 0{,}85 = 7{,}32 \text{ kWh}.$$

Nimmt man den Wirkungsgrad des ganzen Betriebes (Motorwirkungsgrad, Wirkungsgrad des Leonardsatzes mit Schwungrad) zu 50% an, dann wird aus dem Netz die Arbeit von 17,22 kWh pro Zug entnommen (ohne Berücksichtigung des Umsetzens). Nach der Ruhepause t_R beginnt der nächste Zug.

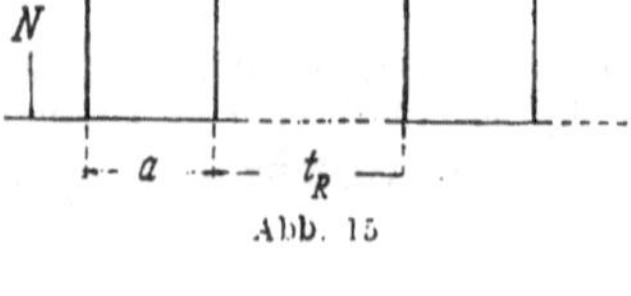

Abb. 15

Das Diagramm der Abb. 14 ist bei Annahme des freien Auslaufes ein „zweistufiges" Diagramm. In der Praxis wird bei manchen Antrieben ein „einstufiges" Diagramm

(Abb. 15) angenommen, beispielsweise wenn nach einer Beschleunigungszeit wieder stillgesetzt wird, oder wenn nur geringe Beschleunigungen gewählt werden.

b) Als zweites Beispiel soll der Anlauf eines Asynchronmotors untersucht werden (Abb. 16). Es wurde oben dargelegt, daß diese Motoren meist in Grobschaltung an-

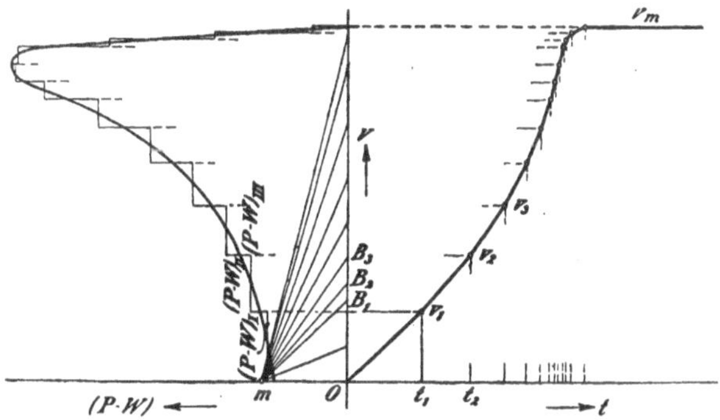

Abb. 16

gelassen werden. Wenn es sich dabei um Motoren mit großen Leistungen handelt, muß meist bei der Projektierung untersucht werden, wie groß der Stromstoß und die Anlaufzeit sind. Dies richtet sich natürlich nach den zu beschleunigenden Massen und darnach, ob ein Kranmoment vorliegt oder ein anderer Momentenverlauf. Bei diesem Beispiel ist ein Ventilatormoment angenommen worden. Der Entwurf dieses Diagrammes ist deshalb einfach, weil die Zugkraft P und der Bewegungswiderstand W Funktionen der Geschwindigkeit v sind, so daß ohne weiteres die Kurve $(P - W)$ eingetragen werden kann. Die Strecke Om stellt die zu bewegenden Massen dar. Die kontinuierliche $(P - W)$-Kurve wird durch einen treppenförmigen Linienzug in bekannter Weise ersetzt.

Entsprechend den früheren Darlegungen macht man die Strecke OB_1 auf der + Y-Achse gleich der Höhe der ersten Stufe $(P - W)_I$, verbindet m mit B_1 und zieht hierzu die

Parallele durch O. Diese ist nur gültig bis zur Erreichung der Geschwindigkeit v_1, d. h. so lange als die Stufe $(P - W)_I$ Geltung hat. Dann trägt man die Höhe der zweiten Stufe $(P - W)_{II}$ auf und erhält den Punkt B_2. Diesen verbindet man mit m und zieht durch v_1 die Parallele hierzu bis zur Erreichung der Geschwindigkeit v_2, d. h. so lange als die Stufe $(P - W)_{II}$ Geltung hat. In dieser Weise fährt man fort und erhält damit den Anlaufvorgang. Da die Zugkraft $P = f(v)$ des Motors bekannt ist, ebenso der zugehörige Strom, kann man diese beiden Größen über der Zeit auftragen. Man sieht, daß der Anlaufvorgang besonders im ersten Stadium „schleichend" vor sich geht, später aber sehr rasch auf den Endwert zustrebt.

Beim Entwurf des Diagrammes können beispielsweise die folgenden Maßstäbe angewendet werden:

Für $(P - W)$: 1 kg $= \mu_P = 2$ mm; für die Zeit t: 1 sec $= \mu_t = 16$ mm; für die Geschwindigkeit v: 1 m/sec $= \mu_v = 16$ mm; dann ist der Maßstab für die Masseneinheit gegeben durch

$$\mu_m = 2 \text{ mm}.$$

In der Abb. 17 ist der Vorgang nochmals untersucht und zwar für verschiedene Anlaßbedingungen. Hierbei ist mit Momenten statt mit Zugkräften gerechnet. Auf der + Y-Achse ist die Winkelgeschwindigkeit ω aufgetragen; unter Benützung der Gleichung

$$\omega = 2\pi \frac{n}{60}$$

kann man ω leicht in Drehzahlen n umrechnen.

Die Kurve $D = F_1(\omega)$ stellt die Zugkraft des Motors mit Kurzschlußläufer dar; $M = F(\omega)$ ist das Ventilatormoment. Die Differenz der beiden Kurven ergibt $F_1'(\omega)$. Hierzu gehört der Anlaufvorgang $\omega = f_1'(t)$, der auch in der Abb. 16 dargestellt ist.

Wird beim Schleifringanker der Schlupfwiderstand so reguliert, daß dauernd das Kippmoment vorhanden ist, dann wird das Motormoment durch die Kurve $D = F_2(\omega)$

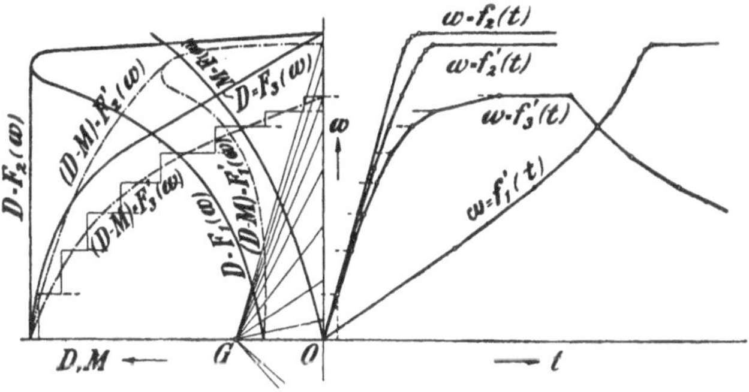

Abb. 17

und das beschleunigende Moment durch die Kurve $(D - M) = F_2'(\omega)$ dargestellt. Den Anlaufvorgang findet man in diesem Fall zu $\omega = f_2'(t)$, und im Leeranlauf mit dem Kipp moment zu $\omega = f_2(t)$.

Für einen Motor mit Wirbelstromläufer bzw. mit Doppelkäfiganker verläuft das Drehmoment ungefähr nach der Kurve $D = F_3'(\omega)$, die Kurve für $(D - M)$ nach $(D - W) = F_3'(\omega)$ und der Anlaufvorgang nach $\omega = f_3'(t)$.

Zu allen diesen Vorgängen kann man die Drehmomente und Ströme in Abhängigkeit von der Zeit eintragen und damit feststellen, wie groß der mechanische Einschaltstoß und der Stromstoß sind.

Den einfachen Fall des Leeranlaufs kann man auch rechnerisch behandeln (s. R. Rüdenberg, Der Anlauf bei Asynchronmotoren mit Kurzschlußanker; E u. M, 1919).

c) Als drittes Beispiel soll nochmals ein Betrieb mit konstantem Bewegungswiderstand untersucht werden. Jedoch soll der antreibende Motor an einer Kurbel angreifen. Als Beispiel soll eine Blechschere gewählt werden (Abb. 18). Diese Antriebe sind deshalb eigentümlich, weil die Bewegungswiderstände als Funktion des Weges (Kurbelweg) erscheinen.

Das Schneiden der Schere erfolgt beim Abwärtsgehen, also längs des Weges einer halben Umdrehung der Kurbel. Der zu

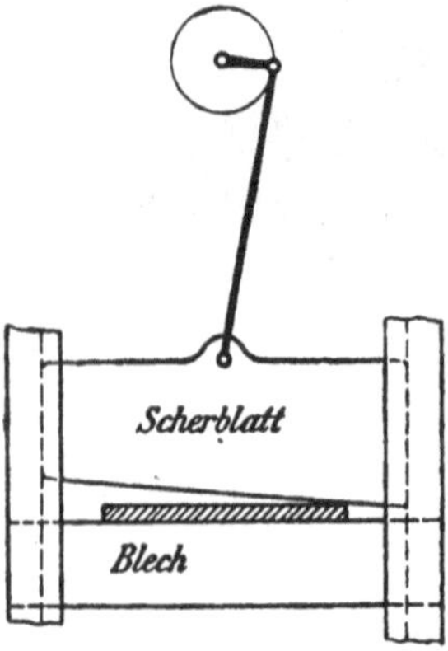

Abb. 18

überwindende Widerstand W beim Schneiden sei während der ganzen Dauer des Schneidens konstant. Für den vom Motor zu überwindenden Widerstand T_w (Tangentialkraft) gilt unter Annahme einer unendlich langen Schubstange

$$T_w = W \cdot \sin \alpha \text{ (kg)}.$$

Unter Berücksichtigung der Reibungsverluste erhält man für T_w als Funktion des Winkelweges die Kurve T_w der Abb. 19.

Man trägt nun in den linken Quadranten eines Koordinatensystems (Abb. 20) die Zugkraft des Motors als Funktion der Geschwindigkeit auf. Auf der rechten Seite des Quadranten wird das Tangentialdruckdiagramm als Funktion des Winkelweges α eingetragen und beide Kurven ersetzt man durch treppenförmige Lininenzüge. Die Konstruktion der Geschwindigkeitskurve beginnt man, indem man annimmt, daß zur Zeit $t = O$ die Winkelgeschwindigkeit ω herrscht. Die Zugkraft des Motors ist in dem Geschwindigkeitsbereich ω bis ω_1 gleich P_I und der Widerstand ist für den Wegbereich

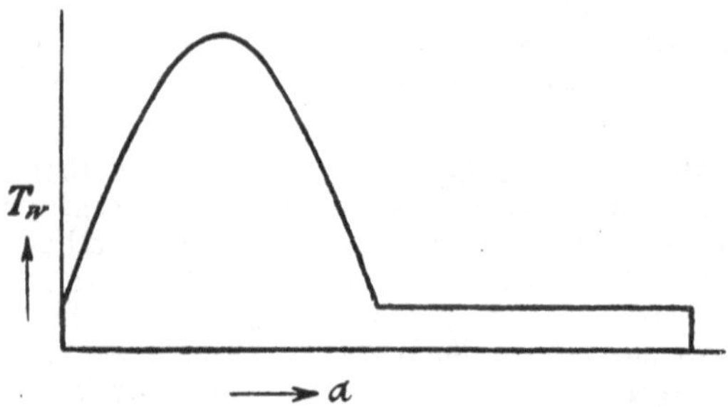

Abb. 19

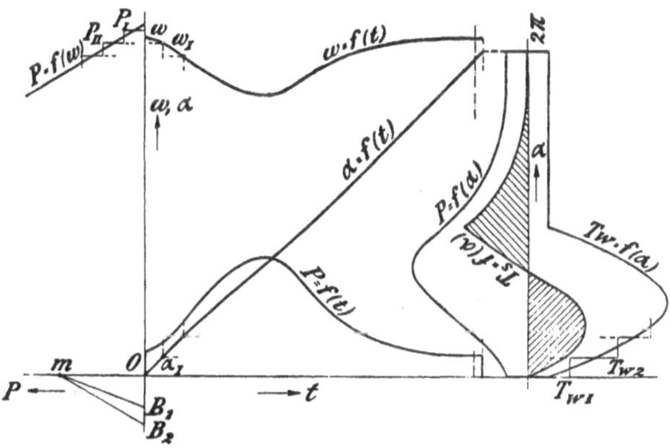

Abb. 20

α_0 bis α_I gleich T_{wI}. Die Strecke Om wird gleich der auf den Kurbelweg bezogenen Masse m gemacht. Für den Geschwindigkeitsverlauf von der Zeit $t = O$ an ist $(P_I - T_{wI})$ maßgebend. Da aber T_{wI} größer als P_I ist, erhält man einen negativen Betrag für $(P_I - T_{wI})$ nämlich die Strecke OB_1. Man verbindet m mit B_1 und zieht durch ω die Parallele hierzu, gleich $\omega\omega_I$. Zu diesem Geschwindigkeitsverlauf konstruiert man in bekannter Weise den Winkelweg und erhält die Strecke $O\alpha_I$. Von ω_I ab herrscht die Zugkraft P_{II} und, da der Weg zufällig gleich $\alpha_0\alpha_I$ ist, auch ein anderer Widerstand, nämlich T_{wII}. Für den weiteren Verlauf der Geschwindigkeit ist also $(P_{II} - T_{wII})$ maßgebend, das im Diagramm gleich der Strecke OB_2 gemacht wird. In dieser Weise setzt man die Konstruktion fort, bis der Winkelweg 2π zurückgelegt ist; dann beginnt man das Diagramm wieder von vorne. Wenn die am Ende der ersten Periode erreichte Winkelgeschwindigkeit ω ist, braucht die Konstruktion nicht weiter fortgesetzt werden. Ist dies aber nicht der Fall, dann muß man die Konstruktion so lange fortsetzen, bis dieser Zustand, der sog. stationäre Zustand, erreicht ist.

Die Kurve für den Winkelweg ist annähernd eine Gerade; dies ist nicht verwunderlich, da die Geschwindigkeitsschwankungen nicht groß sind. Setzt man für die Winkelgeschwindigkeit die Gleichung einer Geraden ein, dann kann man den ganzen Vorgang auf analytischem Weg verfolgen. Darauf soll hier nicht näher eingegangen werden.

Für die stationären Geschwindigkeitsschwankungen sind noch die Kurven für P, d. h. für die Zugkraft des Motors als Funktion des Winkelweges und der Zeit, ferner die Kurve für T_s, d. i. der Trägheitswiderstand des mit dem Motor gekuppelten Schwungrades als Funktion des Weges aufgetragen. Wenn die Konstruktion genau durchgeführt ist, muß $(P + T_s)$ in jedem Augenblick gleich T_w sein.

Nach Annahme ist der Motor ein Nebenschlußmotor mit konstanter Felderregung; infolgedessen stellt die Kurve $P = f(t)$ in einem andern Maßstab zugleich auch den Strom des Motors dar. Man kann nun die Konstruktion unter Annahme verschiedener Werte für das Schwungrad wiederholen und jeweils die dazugehörige Motorgröße bestimmen. Ermittelt man noch die Kosten für Motor- und Schwungrad sowie der Verluste, dann findet man für das Minimum der Kosten die wirtschaftlich günstigste Ausführung. Manchmal sind die höchst zulässigen Stromschwankungen vorgeschrieben. Man muß dann statt der hier angenommenen „natürlichen" Pufferung eine „regulierte" Schwungradpufferung wählen (A. Schwaiger, ETZ 1912).

2. Die Anwendung der beiden Grundgleichungen, der mechanischen und der elektrotechnischen, kommt bei sehr raschen Änderungen der angelegten Spannung oder der Drehzahl in Frage. Die Ströme im Motorstromkreis folgen den Änderungen nicht sofort, sondern mit einer gewissen, durch die elektromagnetischen Trägheit bedingten Verzögerung.

a) Im ersten Beispiel soll die Grobschaltung eines Nebenschlußmotors untersucht werden. Während bei der Grobschaltung von Asynchronmotoren angenommen werden kann, daß nach Einlegen des Schalters sofort der volle Strom auftritt, ist diese Annahme beim Grobschalten von Gleichstrommotoren nicht mehr statthaft.

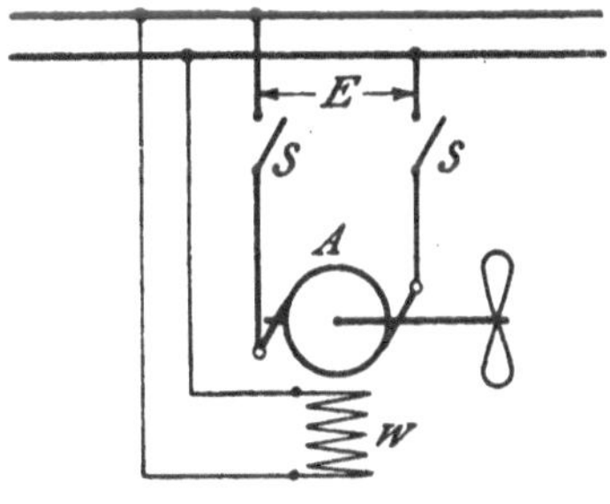

Abb. 21

In der Abb. 21 bedeutet A der Anker und W die Erregerwicklung des Motors; es ist angenommen, daß er eine Maschine mit Ventilatormoment antreibt.

Die Differentialgleichung für den Bewegungsvorgang muß besagen, daß das Drehmoment D des Motors das Moment M des Bewegungswiderstandes und die Massenträgheit überwinden muß; also

$$D = M + \Theta \frac{d\omega}{dt} \qquad \text{(kg m).} \qquad \text{(a)}$$

Dabei ist das vom Motor aufgebrachte Drehmoment bestimmt durch die Beziehung

$$D = k \cdot i \qquad \text{(kg m).}$$

Diese Gleichung kann für sich allein nicht integriert werden, weil der Strom nicht bekannt ist.

Wenn die elektromagnetische Trägheit des Ankers vernachlässigt werden dürfte, ergäbe sich für den Strom die einfache Gleichung

$$i = \frac{E - e}{R};$$

darin bedeutet e die Gegen-EMK im Anker, welche dem Gesetz folgt

$$e = c \cdot \omega \qquad \text{(Volt)}$$

(c ist eine Konstante).

Die angelegte Spannung E muß demnach überwinden die elektromagnetische Trägheit, den Ohmschen Spannungsabfall im Ankerstromkreis und die Gegen-EMK im Anker; also

$$E = L \frac{di}{dt} + R \cdot i + c \cdot \omega \qquad \text{(Volt).} \qquad \text{(b)}$$

Auch diese Gleichung kann für sich allein nicht integriert werden, weil die Winkelgeschwindigkeit ω in der Gleichung für die Gegen-EMK nicht bekannt ist; sie ist durch die Gl. (a) bestimmt. Der Vorgang folgt demnach einem durch zwei simultane Differentialgleichungen bestimmten Gesetz. C. Trettin hat dieses Problem analytisch behandelt (ETZ 1912), jedoch unter Annahme eines einfacheren Gesetzes für den Bewegungswiderstand. (In seiner Arbeit ist die angelegte Spannung mit E bezeichnet; deshalb ist dieses Symbol auch hier beibehalten.)

Für die graphische Behandlung schreibt man die beiden Differentialgleichungen in der Form an

$$\frac{d\omega}{dt} = \frac{k \cdot i - M}{\Theta} \tag{a}$$

und

$$\frac{di}{dt} = \frac{E - R \cdot i - c \cdot \omega}{L}. \tag{b}$$

Man sieht nun zwei Koordinatensysteme vor, eines für die Konstruktion des Stromverlaufes und eines für die Konstruktion der Winkelgeschwindigkeit (Drehzahl) (Abb. 22a und b).

Die Strecken OL und OQ macht man in einem geeigneten Maßstab gleich den Induktivitäten L bzw. dem Trägheits-

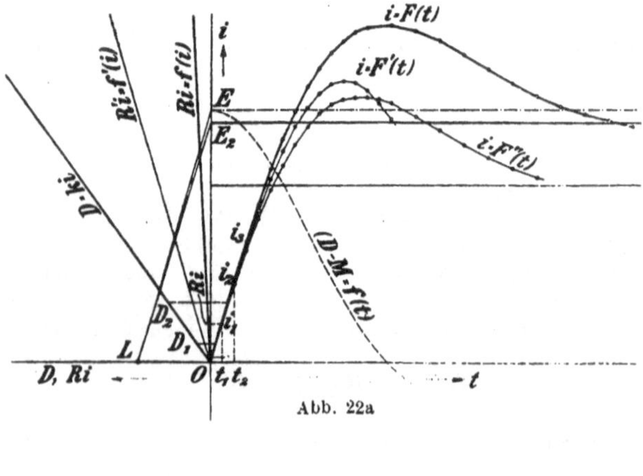

Abb. 22a

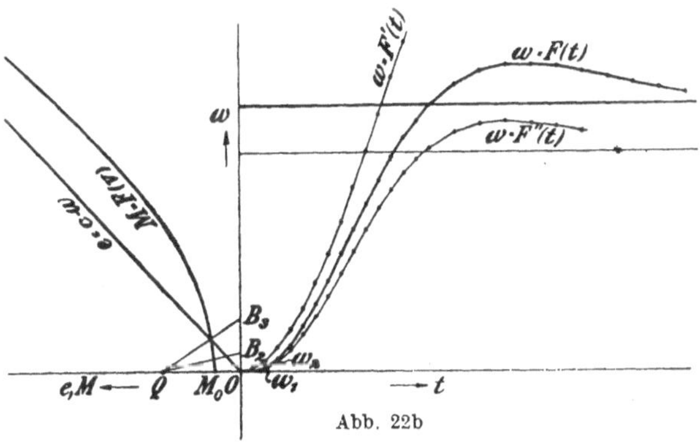

Abb. 22b

moment Θ. Von den elektrischen Maßstäben kann man i; t und E frei wählen; dann ist der Maßstab für L gegeben zu

$$\mu_L = \frac{\mu_E \cdot \mu_t}{\mu_i} .$$

Die Geraden für $k \cdot \omega$ und für $R \cdot i$ müssen im Spannungsmaßstab in die entsprechenden Diagramme eingetragen werden, die Gerade $k \cdot i$ dagegen im Momentenmaßstab.

Man beginnt nun mit der Konstruktion des Stromanstieges, indem man $c \cdot \omega$ und $R \cdot i$ gleich Null setzt; denn nach Annahme ist zur Zeit $t = O$ der Strom i und die Winkelgeschwindigkeit ω gleich Null. Die Strecke OE wird gleich der Netzspannung E gemacht, L mit E verbunden und hierzu die Parallele durch O gezogen. Nach der Zeit $\Delta t_1 = Ot_1$, die man zunächst willkürlich, aber doch klein wählt, hat der Strom den Wert i_1 erreicht. Man könnte nun eine Korrektur vornehmen, weil kurz nach der Zeit $t = O$ der Strom nicht mehr Null ist. Es soll jedoch hier bei der angenäherten Konstruktion bleiben. Es sei aber bemerkt, daß die Korrektur keine Erschwerung bedeutet; denn bei einiger Übung kann man den Stromverlauf im Voraus schätzen und gleich bei der ersten Konstruktion die aus dem geschätzten Stromverlauf sich ergebende Korrektur berücksichtigen.

Man sieht, daß der Stromanstieg während der Zeit Δt_1 als linear angenommen werden darf. Der Strom ruft ein Drehmoment D hervor, das den Motor zum Anlauf bringt, wenn es größer als das widerstrebende Moment ist.

Bei der Konstruktion des Geschwindigkeitsanstieges nimmt man an, daß der Strom während der Zeit Δt_1 konstant und gleich

$$i_1' = \frac{i_1}{2}$$

ist. Man ersetzt also mit anderen Worten das Dreieck $O t_1 i_1$ durch ein inhaltsgleiches Rechteck mit gleicher Basis und halber Höhe. Zum Strom i_1' gehört das Drehmoment D_1, das man aus dem Diagramm direkt abgreifen kann.

Mit diesem Drehmoment geht man in das zweite Koordinatensystem und konstruiert den Anstieg der Winkelgeschwindigkeit während der Zeit Δt_1. Dabei hat man vom Drehmoment D_1 das Moment der Widerstände abzuziehen, das für $\omega = O$ gleich $M = M_0$ ist. Nun sieht man aber, daß M_0 größer als D_1 ist. Da der Motor zur Zeit in Ruhe ist, bleibt er vorerst auch weiterhin in Ruhe; für die Konstruktion der Stromkurve ist also auch weiterhin $c \cdot \omega = O$. Im Geschwindigkeitsdiagramm trägt man die Zeit Δt_1 ein und hierfür $\omega = O$.

Nun geht man wieder in das Stromdiagramm. Das Produkt $c \cdot \omega$ ist noch gleich Null; dagegen ist $R \cdot i$ nicht mehr gleich Null, sondern hat zur Zeit t_1 den Wert $R \cdot i_1$, den man direkt abgreifen kann. Dieser Wert wird von E abgezogen, ergibt den Punkt E_2. Man verbindet wieder L mit E_2, zieht durch i_1 die Parallele hierzu und erhält damit den weiteren Stromanstieg bis zum Wert i_2 zur Zeit t_2. Jetzt nimmt man an, daß während der Zeit Δt_2 der konstante Strom i_2' herrscht. Dieser Strom erzeugt im Motor das Drehmoment D_2, das man direkt abgreifen kann. Mit diesem Drehmoment geht man ins Geschwindigkeitsdiagramm. Von D_2 subtrahiert man den Wert M_0, ergibt die Strecke OB_2. Man verbindet B_2 mit Q, zieht durch ω_1 die Parallele hierzu und erhält die Winkelgeschwindigkeit ω_2 zur Zeit t_2. Bei dieser Geschwindigkeit ist die gegenelektromorische Kraft gleich e_2.

Nunmehr geht man wieder in das Stromdiagramm, subtrahiert von E die Strecke für e_2 und $R \cdot i_2$, ergibt den Punkt E_3. Dann verbindet man E_3 mit L und zieht durch i_2 die Parallele hierzu, ergibt den Strom i_3 zur Zeit t_3. Der Strom während der Zeit Δt_3 wird durch den konstanten Strom i_3' ersetzt; zu diesem Strom gehört das Drehmoment D_3, mit dem man wieder ins Geschwindigkeitsdiagramm geht. In dieser Weise fährt man mit der Konstruktion fort.

In der Abb. 22 ist die Konstruktion für mehrere Fälle durchgeführt. Die Kurven $i = F'(t)$ und $\omega = F'(t)$ gelten für den Fall des Leerlaufs. Man sieht, daß die Drehzahl des Motors wesentlich rascher ansteigt; es wird ja auch das ganze Drehmoment lediglich zur Beschleunigung der Massen aufgewendet. Deshalb kann der Strom auch keinen so hohen Wert wie vorher annehmen; denn durch den raschen Geschwindigkeitsanstieg wird das Anwachsen der gegenelektromotorischen Kraft beschleunigt und damit die für den Stromanstieg wirksame Spannung rasch verkleinert.

Die Kurven $i = F''(t)$ und $\omega = F''(t)$ gelten für den Fall, daß der Widerstand im Anker vergrößert wird (Gerade $i \cdot R'$). Dadurch wird zwar die Zeitkonstante des Ankerstromkreises wesentlich verkleinert und der Stromanstieg stärker beschleunigt; die Stromwerte erreichen aber trotzdem nicht die vorige Höhe, weil durch den Spannungsabfall im vorgeschalteten Widerstand ein größerer Teil der angelegten Spannung absorbiert wird im Vergleich zu vorher. Infolgedessen geht auch der Geschwindigkeitsanstieg langsamer vor sich.

Im allgemeinen sieht man, daß die auftretenden Stromstöße im Vergleich zum Normalstrom nicht so groß sind, als man vermuten könnte.

Wenn man sich die Mühe nimmt, die Konstruktion wirklich durchzuführen, dann erkennt man, daß die Einsicht in die physikalischen Vorgänge bei Änderung der Anlaufbedingungen sehr gefördert wird. Bei der Behandlung dieses Problems auf analytischem Weg (*C. Trettin*, ETZ 1912) kommt man zwar zu denselben Ergebnissen, jedoch vermißt man dabei die Einsicht in die Entstehung des ganzen Vorganges.

Als **zweites** und **drittes** Beispiel dieser Art soll der Bremsvorgang bei Betrieben mit Gleichstrom-Reihenschlußmotoren untersucht werden. In vielen Städten sind die Straßenbahnen mit elektrischen Bremsen versehen, sei es als Not- oder als Betriebsbremsen. Dabei kann es wichtig sein zu untersuchen, wie groß der Bremsstrom ist und in welch kürzester Zeit und auf welche Weglänge der Wagen zum Stehen gebracht werden kann.

Ferner kann es wichtig sein, zu untersuchen, welche Geschwindigkeit ein Wagen bei einer Talfahrt annimmt, wenn nur elektrisch gebremst wird. Ähnliche Fragen treten auch bei andern Betrieben auf, so bei Kranen mit Senkbremsschaltungen.

b) Beim **zweiten** Beispiel soll ein Wagen auf **ebener Strecke** zum Stillstand gebracht werden. Dabei möge sich der folgende Vorgang abspielen. Der Wagenführer schaltet bei voller Fahrt den Motor vom Netz ab und geht sofort auf die elektrische Kurzschlußbremse über.

Zu der allgemeinen Gleichung

$$P = m \cdot \frac{dv}{dt} + W \qquad \text{(kg)};$$

kommt auf der rechten Seite noch das Glied B für die Bremskraft hinzu; ferner wird die Zugkraft P gleich Null. Die Gleichung lautet demnach

$$\frac{dv}{dt} = -\frac{W + B}{m}.$$

Für die vom Motor aufgebrachte Bremskraft abhängig vom Bremsstrom gilt dasselbe Gesetz wie für seine Zugkraft, nämlich

$$B = k \cdot i^2 \qquad \text{(kg)},$$

so daß die Gleichung schließlich lautet

$$\frac{dv}{dt} = -\frac{W + k \cdot i^2}{m}. \qquad \text{(a)}$$

Da der Strom nicht bekannt ist, kann diese Gleichung für sich allein nicht gelöst werden.

Wenn der Wagenführer den Motor auf Bremse schaltet, läuft der Wagen dank seiner kinetischen Energie weiter. Der Motor ist als Generator geschaltet und erzeugt die EMK E. Diese hat im geschlossenen Stromkreis die elektromagnetische Trägheit und den Ohmschen Widerstand zu überwinden; also lautet die Gleichung

$$E = L \cdot \frac{di}{dt} + R \cdot i \qquad \text{(Volt)}.$$

Dabei ist die im Anker induzierte EMK von der Stärke des magnetischen Feldes, beim Hauptschlußmotor also vom Ankerstrom abhängig, der zugleich Erregerstrom ist und außerdem auch von der Drehzahl, d. h. von der Geschwindigkeit des Wagens. Es ist also

$$E = f(i, v) \qquad \text{(Volt)}$$

und damit

$$\frac{di}{dt} = \frac{f(i, v) - R \cdot i}{L}. \tag{b}$$

Auch diese Gleichung kann für sich allein nicht gelöst werden, da die Geschwindigkeit nicht bekannt ist. Der Vor-

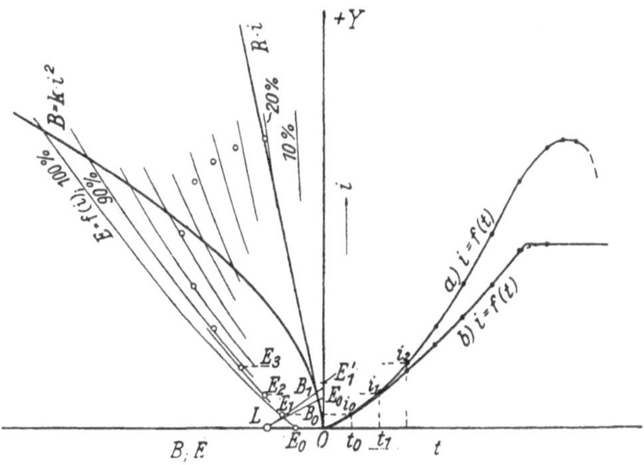

Abb. 23a

gang wird also durch ein System von zwei simultanen Differentialgleichungen beschrieben.

In der Abb. 23a ist auf der $+Y$-Achse der Strom i und auf der $-X$-Achse sind die EMKe der Maschine abhängig vom Strom für die verschiedenen Geschwindigkeiten $v = 100\%$; 90% usw. aufgetragen. Ferner ist über dem Strom die Bremskraft $B = k \cdot i^2$ dargestellt. Die $+X$-Achse ist die Zeitachse. Im zweiten Koordinatensystem (Abb. 23b) ist die $+Y$-Achse die Geschwindigkeitsachse und die $+X$-Achse die Zeitachse. Die Strecke OL ist das Maß für die Induktivität L und die Strecke Om das Maß für die Masse m.

Die Konstruktion wird mit der Aufsuchung des Stromes begonnen. Zur Zeit $t = O$ wird in der Maschine durch die Remanenz die EMK $E = E_0$ induziert. Die Strecke OE_0 wird

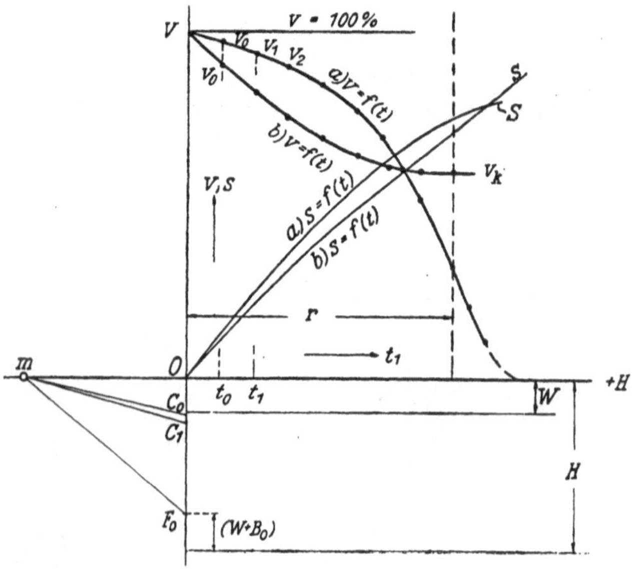

Abb. 23b

auf der Y-Achse aufgetragen, E_0 mit L verbunden und parallel hierzu durch O die Strecke Oi_1 gezogen (Kurve a). Der Betrag R · i braucht zunächst nicht berücksichtigt zu werden, da er noch sehr klein ist. Nun geht man von i_0 aus parallel zur X-Achse in den linken Quadranten und findet den Schnittpunkt B_0 mit der Bremskurve. Mit diesem allerdings noch sehr kleinen Wert geht man in das andere Koordinatensystem. Zu dem als konstant angenommenen Widerstand W wird die Bremskraft B_0 addiert und von O aus nach unten aufgetragen. Der gewonnene Punkt C_0 wird mit O verbunden und die Parallele hierzu durch V bis zum Punkt v_0 gelegt. Der Endpunkt v_0 ist durch die Zeit t_0 der Dauer des Stromanstieges gegeben. Damit ist die Geschwindigkeit des Wagens um 3% auf 97% der Anfangsgeschwindigkeit gesunken (Kurve a).

Nun geht man im ersten Koordinatensystem von i_0 aus parallel zur X-Achse bis zum Schnittpunkt mit der EMK-Kurve für die Drehzahl von 97% und findet die induzierte EMK E_1. Diese wird auf der $+ Y$-Achse aufgetragen und ergibt den Punkt E_1'. Von E_1 muß nun der Ohmsche Spannungsabfall $R \cdot i_0$ abgezogen werden; der gewonnene Punkt wird mit O verbunden und durch i_0 des Stromanstiegs die Parallele gezogen: ergibt den Strom i_1 am Ende der Zeit Ot_1. Nun sucht man zu diesem Strom die Bremskraft und findet den Punkt B_1. Damit geht man in das 2. System, addiert die gefundene Bremskraft zu W. Der gewonnene Punkt C_1 wird mit m verbunden und die Parallele hierzu durch v_0 gelegt, ergibt den Punkt v_1, d. h. einen Drehzahlabfall auf 95% usw.

Damit ist der Stromverlauf und der Geschwindigkeitsabfall gefunden. In das 2. System ist auch der Weg eingetragen. Die Ordinate des Punktes S stellt den Bremsweg dar. Die punktierte Vertikale auf der X-Achse ist die für die Konstruktion notwendige Maßstabs-Reduktionslinie.

Man kann die Konstruktion noch wesentlich verfeinern. Es ist genauer, die Kurven stückweise anzunehmen und zu untersuchen, ob die Annahmen richtig sind, indem man mit Mittelwerten der Stromstücke und Bremskraftstücke rechnet.

Man erkennt, daß es keine Schwierigkeiten bedeuten würde, für den Widerstand W ein anderes Gesetz anzunehmen, falls dies notwendig ist.

c) Nun ist auch der Vorgang für das dritte Beispiel der Talfahrt mit elektrischer Bremsung nicht mehr schwierig zu konstruieren.

Der Motor ist auf Kurzschlußbremse geschaltet. Jedoch ist jetzt noch eine Kraft wirksam, nämlich der sog. Hangabtrieb H (kg), welcher den gebremsten Wagen nach abwärts treibt. Die Gleichung lautet deshalb

$$\frac{dv}{dt} = \frac{H - (W + B)}{m}. \qquad (1)$$

Man beginnt mit der Konstruktion (Abb. 23a und b) wie beim vorigen Beispiel, zieht jedoch $(W + B_0)$ im 2. System von H ab, verbindet G_0 mit m und zieht durch V die Parallele hierzu bis v_0 zur Zeit t_0. In dieser Weise fährt man fort und erhält die Kurven b) der Abb. 23. Die Geschwindigkeit nähert sich dem Wert der konstanten Geschwindigkeit v_k. Der Weg nimmt von da aus linear zu.

Damit ist gezeigt, daß man auf dem Gebiet der elektromotorischen Antriebe mit der graphischen Methode wohl alle Aufgaben lösen kann[1]).

C. Wahl der Motorleistung.

Wenn bei der Projektierung eines elektromotorischen Antriebs die Betriebsdiagramme entworfen sind, dann kann die Frage nach der Motorleistung beantwortet werden. Zwar ist schon beim Entwurf der Diagramme das Trägheitsmoment des Motorankers einzusetzen, obwohl die Größe des Motors noch nicht bekannt ist. Man muß sich dadurch behelfen, daß man zunächst die Motorgröße und damit das Trägheitsmoment schätzt. Ergibt dann die Rechnung, daß diese Schätzung von

[1]) Weitere vom Verfasser entwickelte Diagramme sind enthalten in ETZ 1912 (Schwungradpufferung), ferner in „Elektrische Förderungsanlagen", Göschen Band Nr. 678, in „Elektrische Bahnen", Göschen Band Nr. 958 und in den früheren Auflagen dieses Bandes.

der berechneten Motorleistung abweicht, dann muß man das Betriebsdiagramm korrigieren, bis die errechnete mit der geschätzten Motorleistung übereinstimmt. Kleine Unterschiede können jedoch ohne Korrektur hingenommen werden.

Bei der Verwendung von Kraftmaschinen (Dampfmaschinen usw.) ist die Frage nach der Leistung einfach zu beantworten: Die Kraftmaschine muß für die größte im Betrieb vorkommende Leistung, für die Spitzenleistung, dimensioniert werden.

Ganz anders liegen die Verhältnisse bei der Verwendung von Elektromotoren:

Für die Wahl der Motorgröße ist die Erwärmung im Betrieb maßgebend, d. h. der Motor darf im Betrieb eine gewisse Übertemperatur über seine Umgebung nicht überschreiten, soll jedoch die zugelassene Übertemperatur erreichen, um ihn voll auszunützen (s. auch VDE-Vorschriften).

I. Einschlägige Gesetze der Wärmelehre.

1. Allgemeines. Die gegen Erwärmung am meisten empfindlichen Teile des Motors, die Isolierstoffe, vertragen Temperaturen von 100° bis 120° C. Bei einer Raumtemperatur von 20° bis 40° C bleibt demnach für die Übertemperatur nur eine Spanne von 80° bzw. 60° C.

Die in den elektrischen Maschinen erzeugte Wärme rührt von ihren Verlusten her, nämlich von den Reibungsverlusten, von den sog. Eisenverlusten durch Hysteresis und Wirbelströme und von den sog. Kupferverlusten durch die Stromwärme.

Die Gesetze dieser Verluste sind bekannt: Die Verluste der Lager- und Luftreibung sind von der Drehzahl, die Eisenverluste von der magnetisch-Induktion und von der Drehzahl abhängig und für die Kupferverluste gilt das Joulesche Gesetz. Daraus folgt, daß die Verluste in einem Motor nur dann konstant sind, wenn die Drehzahl, die Spannung und der Strom konstant sind, d. h. wenn der Motor dauernd mit derselben Last läuft. Man nennt diesen Betrieb „Dauerbetrieb". Die in den Motorlisten der Firmen aufgeführten Motoren sind so ausgelegt, daß sich im Dauerbetrieb die zulässige Übertemperatur einstellt. Beispiele für Dauerbetriebe sind unter anderen die Wasserhaltungspumpen von Bergwerken, welche Tag für Tag die gleiche Wassermenge auf dieselbe Höhe fördern. Da für solche Betriebe die notwendigen Leistungen und Drehzahlen gegeben sind, kann man den passenden Motor direkt aus der Motorliste entnehmen.

Es kommen aber in der Praxis sehr viele Betriebe vor, bei welchen die Motoren nur kurzzeitig und dann nur sehr selten eingeschaltet werden. Ferner kommen sehr häufig Betriebe vor, bei welchen abwechselnd auf kurze Einschaltzeiten kurze Ruhepausen folgen und zwar in regelmäßiger Folge; man nennt sie aussetzende Betriebe. Endlich gibt es Fälle, bei welchen die Belastungen und Pausen in unregelmäßiger Folge abwechseln; dabei können auch die Belastungsdiagramme unregelmäßige Formen aufweisen.

Bei all diesen Betrieben tritt die Frage auf, wie man hierfür diejenige Motorgröße findet, bei welcher trotz der Abweichung vom Dauerbetrieb die zulässige Übertemperatur erreicht werden soll. Nun kann nicht erwartet werden, daß für jeden einzelnen Fall ein besonderer Motor konstruiert wird. Vielmehr ist die Forderung zu erfüllen, auch für solche Betriebe einen „listenmäßigen" Motor zu verwenden.

Damit spitzt sich das Problem auf die Frage zu: Auf Grund welcher Gesetze der Wärmelehre können die listenmäßigen Motoren auch Betrieben angepaßt werden, die vom Dauerbetrieb abweichen? Diese Gesetze werden im Folgenden abgeleitet.

2. Erwärmung und Abkühlung. Es soll angenommen werden, daß es sich bei der Erwärmung und Abkühlung um einen vollkommen homogenen Körper handelt. Es bedeuten: Q die in der Sekunde erzeugte Wärmemenge (Watt), c die spezifische Wärme des Körpers, d. h. diejenige Wärmemenge, durch welche ein Körper pro kg um 1^0 C erwärmt wird; G das Gewicht des Körpers (kg); $c \cdot G = C$. Die Wärme-

aufnahmefähigkeit, die sog. Wärmekapazität (*Ws* pro 1°C); α den Wärmeabgabefaktor, d. h. die in 1 sec. pro 1 cm² der Oberfläche und pro 1° C nach außen abgegebene Wärmemenge; O die Oberfläche des Körpers in cm²; $\alpha \cdot O = A$ die bei der Übertemperatur pro 1° C und pro 1 Sekunde abgegebene Wärmemenge (Watt pro 1° C); τ die Temperatur des Körpers.

Das Verhältnis

$$T = C/A \qquad \text{(sec)}$$

stellt eine Zeit dar und wird Zeitkonstante des Körpers genannt.

Die Erfahrungen lehren, daß die an die Umgebung abgegebene Wärmemenge um so größer ist, je größer die Wärmeabgabe der Körperoberfläche ist und je größer die Übertemperatur ist. Für die Temperaturzunahme des Körpers ist demnach die Wärmemenge $(Q - A \cdot \tau)$ wirksam.

Endlich lehren die Erfahrungen, daß die Geschwindigkeit der Temperaturzunahme auch von der Wärmekapazität C des Körpers abhängig ist. Man kann deshalb die folgende Gleichung für den Erwärmungsvorgang aufstellen

$$\frac{d\tau}{dt} = \frac{Q - A \cdot \tau}{C}. \tag{3}$$

Dies ist die Grundgleichung der Erwärmung. Aus dieser Gleichung kann man die folgenden Grenzwerte ablesen:

Wäre die Wärmeabgabe A gleich Null (ideale Wärmeisolation), dann würde die Temperatur linear mit der Zeit anwachsen und zwar um so rascher, je größer die Wärmemenge und je kleiner die Wärmekapazität ist. Die Temperatur würde den Wert „unendlich" annehmen, wenn der Körper nicht vorher verbrennen oder schmelzen würde.

Wenn

$$Q = A \cdot \tau \qquad \text{(Watt)}$$

ist, was bei der Erwärmung bei einer gewissen Temperatur τ stets eintritt, dann ist $\frac{d\tau}{dt} = 0$, d. h. es stellt sich die konstante Endtemperatur τ_n ein und die ganze erzeugte

Wärmemenge wird nach außen abgegeben. In diesem Gleichgewichtszustand ist

$$\tau_n = \frac{Q}{A} \qquad (^0C),$$

d. h. die Endtemperatur τ_n ist um so höher, je größer die erzeugte Wärmemenge und je kleiner A ist.

Wäre die Wärmekapazität $C = 0$, dann würde $\frac{d\tau}{dt} = \infty$, d. h. es würde sich sofort die Endtemperatur τ_n einstellen.

Wird schließlich nach Erreichung einer beliebigen Temperatur τ die Wärmeerzeugung unterbrochen ($Q = 0$), dann wird die Temperaturänderung $\frac{d\tau}{dt}$ negativ, d. h. die Temperatur nimmt ab und sinkt auf die Temperatur der Umgebung, die Übertemperatur wird gleich Null. Die Gleichung für die Abkühlung lautet also

$$\frac{d\tau}{dt} = -\frac{A \cdot \tau}{C}. \qquad (3')$$

3. Ermittelung des Temperaturverlaufes. Die graphische Lösung ist sehr einfach, denn es zeigt sich, daß die Gleichungen vollständig homolog mit den Gleichungen der Dynamik und der Elektrodynamik ist. Es gelten deshalb für die Konstruktion des Temperaturverlaufes dieselben Konstruktionsregeln wie für die Konstruktion der Gl. (1) und (2). Die in der Abb. 11 eingetragenen Werte gewinnen dabei die folgenden Bedeutungen: An Stelle von P ist Q einzuführen, für W das Produkt $A \cdot \tau$, für die Differenz $(P - W)$ die Differenz $(Q - A \cdot \tau)$ und m ist durch C zu ersetzen. Die $+Y$-Achse ist die Temperaturachse und die $-X$-Achse die Q-Achse.

Bei der Konstruktion der Abkühlungskurve teilt man die Gerade $A \cdot \tau$ in Stufen ein, wie dies für den Auslauf eines bewegten Körpers geschieht. Die Kurve $v = F(t)$ stellt demnach die Erwärmungskurve und die Kurve $v = f(t)$ die Abkühlungskurve dar.

Analog den analytischen Lösungen der Differentialgleichungen (3) und (3′) lautet die analytische Lösung des Erwärmungsvorganges

$$\tau = \tau_n \,(1 - e^{-t/T}) \qquad (^0C) \qquad (C)$$

und des Abkühlungsvorganges

$$\tau = \tau_n \cdot e^{-t/T} \qquad (^0C) \qquad (C')$$

In der Abb. 24 ist eine Schar von Erwärmungskurven für verschiedene Werte der Wärmemenge Q dargestellt; auch die Abkühlungskurve von der zu Q_1 gehörigen Temperatur auf die Temperatur der Umgebung ist eingetragen.

Bei allen Vorgängen der Erwärmung und Abkühlung stellen sich die Endtemperaturen (theoretisch) nach unendlich

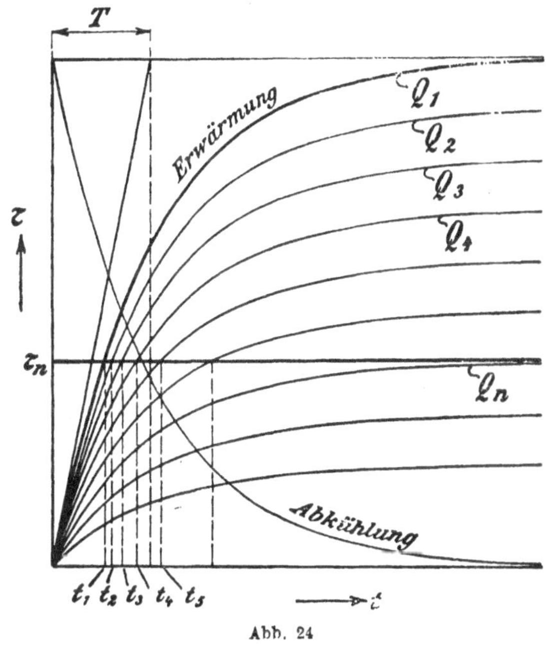

Abb. 24

langer Zeit ein. Jedoch ist nach einer Zeit $t = 4 \cdot T$ der Endwert im Betrag von 98,2% erreicht (weitere Werte s. Tabelle der Exponentialwerte am Ende des Buches).

Es wurde bisher angenommen, daß die Erwärmung des Motors mit der Übertemperatur $\tau = 0$ beginnt. Ist dies nicht der Fall, sondern besitzt er bei Beginn der Erwärmung schon eine „Vortemperatur“, dann kommt zur Gl. (C) noch ein zweites Glied, die Integrationskonstante hinzu. Die Rechnung ergibt folgendes:

Die allgemeine Gleichung der Erwärmung kann in der Form geschrieben werden

$$dt = C \cdot \frac{d\tau}{Q - A \cdot \tau}.$$

Durch Integration findet man

$$t = -\frac{C}{A} \cdot ln\,(Q - A \cdot \tau) + t_0 \qquad \text{(sec)}.$$

Man setzt für die Ermittlung der Konstanten t_0 die Anfangszeit $t = 0$ und erhält

$$t_0 = \frac{C}{A} \cdot ln\,(Q - A \cdot \tau_0) \qquad \text{(sec)}$$

Damit ergibt sich die allgemeine Gleichung für die Erwärmung

$$\tau = \tau_n (1 - e^{-t/T}) + \tau_0 \cdot e^{-t/T} \qquad (^0\mathrm{C}) \qquad \text{(C)}$$

d. h. der Erwärmungsvorgang setzt sich aus zwei Einzelvorgängen zusammen, nämlich aus dem Erwärmungsvorgang auf die zu Q gehörige Endtemperatur $\tau_n = \frac{Q}{A}$ und aus dem Abkühlungsvorgang von der Temperatur τ_0 bis auf $\tau = 0$. Daraus geht hervor, daß sich bei gegebenem Wert von Q der Körper auf denselben Endwert τ_n erwärmt, gleichgültig, ob eine Vortemperatur vorhanden ist oder nicht. In der Abb. 25 sind zwei Fälle behandelt. Im ersten Fall ist die Vortemperatur $\tau_0 < \tau_n$. Durch Addition der Erwärmungskurve E und der Abkühlungskurve A erhält man den Temperaturverlauf $\tau = f(t)$.

Im zweiten Fall ist $\tau_0 > \tau$; durch Addition von E und A ergibt sich natürlich eine Abkühlungskurve $\tau = f(t)$ bis auf den Wert $\tau = \tau_n$. Ist $\tau_0 = \tau_n$, dann setzt die Erwärmungskurve naturgemäß sofort mit $\tau = \tau_n$ ein und bleibt auf dieser Übertemperatur.

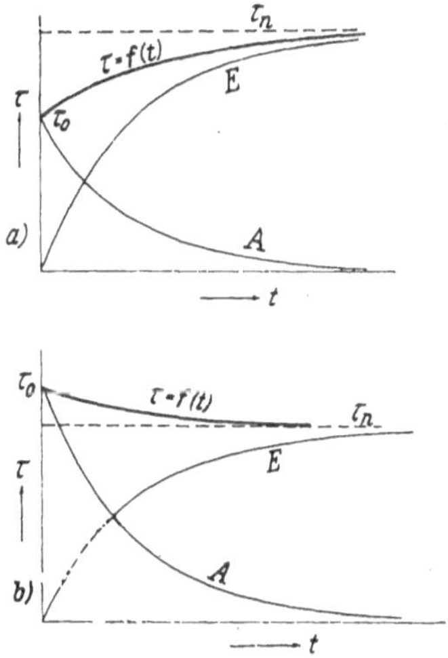

Abb. 25a, b

Auf Grund der Eigenschaft, daß die Subtangenten für alle Punkte der Erwärmungs- und Abkühlungskurven gleich der Zeitkonstanten sind, kann man schließen, daß beispielsweise die Kurve für Q_2 (Abb. 24) ein Stück der Kurve für Q_1 ist usw. Auf Grund dieser Eigenschaft kann man ein Kurvenlineal zum Zeichnen der Kurven für verschiedene Werte von Q anfertigen, d. h. für verschiedene Endwerte der Übertemperatur. Fertigt man das Kurvenlineal beispielsweise nach der Kurve für Q_1 an, dann kann man durch Parallelverschiebung des Lineals alle darunter liegenden Erwärmungskurven zeichnen. Durch Umdrehen des Lineals kann man die Abkühlungskurven entwerfen. (Dies gilt in gleicher Weise für das Zeichnen des Stromanstieges und des Stromabfalls.)

Natürlich kann man die Erwärmungs- und Abkühlungskurven auch als Einhüllende von Tangentenscharen darstellen.

Die vorstehenden Untersuchungen wurden nur für einen idealen homogenen Körper durchgeführt. Der Elektromotor mit seinem komplizierten Aufbau kann zwar nicht als idealer Körper aufgefaßt werden. Es hat sich jedoch gezeigt, daß die abgeleiteten Gesetze unter gewissen Bedingungen auch für die Motoren anwendbar sind.

Um die Erwärmung der Motoren zu finden, müßten die Reibungs-, Eisen- und Kupferverluste als Wärmequellen berücksichtigt werden. Auf Grund von umfangreichen Versuchen und Beobachtungen ausgeführter Anlagen hat sich gezeigt, daß sich die Endwerte der Temperaturen ziemlich genau ebenso einstellen wie bei einem idealen Körper, wenn man die Reibungs- und Eisenverluste beim Entwurf der Betriebsdiagramme in voller Höhe einsetzt und nur die Kupferverluste als veränderlich einträgt. Dieses Verfahren ist im Vergleich zum wahren Vorgang etwas zu ungünstig; es liegt demnach eine gewisse Sicherheit im angegebenen Verfahren.

Nach dem Biot-Savardschen Gesetz hängt der Strom des Motors vom geforderten Drehmoment in eindeutiger Weise ab. Man kann deshalb statt mit Strömen auch mit Drehmomenten bzw. Zugkräften arbeiten, wenn man die Größe der Motorleistungen ermittelt. Man sagt auch in der Praxis, die Motoren würden bei der Anpassung an einen Betrieb nach dem „Drehmoment" dimensioniert.

II. Beispiele.

Für die Betriebe mit den oben behandelten Diagrammen soll gezeigt werden, wie die Größe des Motors gefunden wird. Da es auf die Erwärmung ankommt, spielt naturgemäß die Dauer des Betriebes eine ausschlaggebende Rolle. Die Bedingungen, unter welchen ein Dauerbetrieb vorliegt, wurden schon behandelt. Sie können nun genauer definiert werden: Unter Dauerbetrieben versteht man Betriebe, deren Motoren mindestens während einer Zeit gleich dem vier- bis fünffachen der Zeitkonstanten des Motors mit konstantem Drehmoment belastet sind und mit konstanter Drehzahl laufen. Die Motoren für diese Betriebe können direkt aus den Listen normaler Motoren entnommen werden.

Anders liegen die Fälle bei Betrieben mit sehr kurzer Dauer der Belastungen. Man kann diese Betriebe in zwei Gruppen teilen, nämlich in eine Gruppe mit einer Belastungsdauer der Motoren, die von der Größenordnung der Zeitkontanten des Motors ist und in eine Gruppe, deren Belastungsdauer verschwindend klein im Vergleich zur Zeitkonstanten des Motors ist: Es gibt Fälle, in welchen die Belastungsdauer von der Größenordnung einer Minute sind, während die Zeitkonstante des Motors mehrere Stunden betragen kann (elektrische Förderanlagen, Walzwerke usf.).

Würde man für die von der Dauerleistung abweichenden Betriebe Motoren wählen, der Leistung gleich der kurzdauernden Leistung des Betriebes ist, dann würden sie während der Belastungszeit die zulässige Temperatur nicht erreichen, sie wären infolge dessen nicht ausgenützt. Man kann deshalb Motoren mit viel kleineren Leistungen wählen und diese mit der geforderten Leistung überlasten, so daß sie die zulässige Übertemperatur tatsächlich erreichen.

1. Betriebsdauer und Zeitkonstante sind von gleicher Größenordnung. Die Diagramme der Abb. 14b und 15 kommen sehr häufig vor, nämlich bei den sog. kurzzeitigen und aussetzenden Betrieben.

Ein kurzzeitiger Betrieb liegt vor, wenn der Motor nur selten eingeschaltet wird, so daß er sich nach seiner Benützung immer vollständig abkühlen kann.

Ein aussetzender Betrieb liegt vor, wenn die Pausen t_R kürzer sind als zur vollständigen Abkühlung des Motors notwendig wäre. Bei diesem Betrieb folgen die Arbeitszeiten und Ruhepausen meist in großer Regelmäßigkeit.

a) Der kurzzeitige Betrieb. Bei Anlagen mit einem Betriebsdiagramm nach Abb. 15 kann man die Kurvenschar der Abb. 24 zur Ermittlung der Motorleistung benützen. Dort ist angenommen, daß ein Motor mit der Belastung durch die Wärmemenge Q_n im Dauerbetrieb die Übertemperatur τ_n erreicht. Entwickelt derselbe Motor die Wärmemenge Q_1, dann nimmt er schon nach der Zeit t_1 die Temperatur τ_n an, bei der Wärmemenge Q_2 nach der Zeit t_2 usw. Man nennt diese Zeiten Arbeitszeiten a_1; a_2; a_3 ... Das Ergebnis kann durch eine Kurve dargestellt werden (Abb. 26). Damit diese Kurve eine allgemeine Bedeutung gewinnt, sind die Arbeitszeiten im Verhältnis zur Zeitkonstante T (s. Abb. 26) aufgetragen. Auf der Ordinatenachse ist die Überlastbarkeit p dargestellt, die in folgender Weise gewonnen wird. Entwickelt der Motor

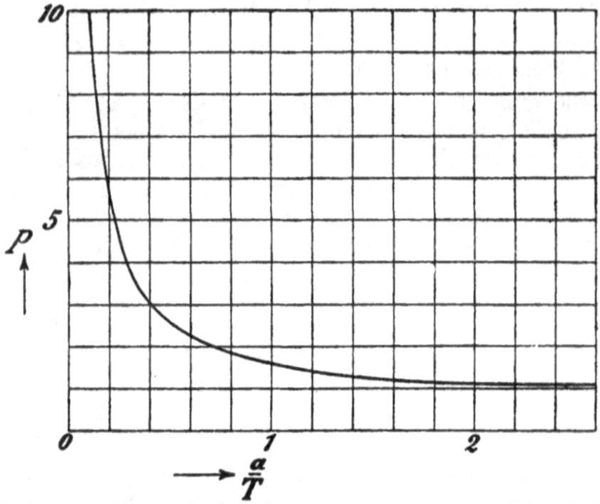

Abb. 26

die Wärmemenge Q_1, dann beträgt seine Überlastung $p_1 = \frac{Q_1}{Q_n}$ und im Falle der erzeugten Wärmemenge Q_2 ist $p_2 = \frac{Q_2}{Q_n}$ usw.

Diese Kurve kann man auch berechnen. Man geht dabei von der allgemeinen Gleichung der Erwärmung aus. Bei der Erwärmung mit $Q = Q_ü$ wird die zulässige Temperatur nach der Zeit a erreicht; also ist

$$\tau_n = \frac{Q_ü}{A}(1 - e^{-a/T}); \qquad (^0C) \qquad (C)$$

(die Anfangstemperatur wird gleich Null gesetzt, da zur Zeit $t = O$ der Motor die Temperatur der Umgebung hat).

Bei der Erwärmung mit der normalen Wärmemenge Q_n ist

$$\tau_n = \frac{Q_n}{A}. \qquad (^0C)$$

Aus beiden Gleichungen folgt

$$Q_{ü} = \frac{Q_n}{1 - e^{-a/T}}$$

oder

$$a = T \cdot ln \frac{Q_{ü}}{Q_{ü} - Q_n}.$$

Dividiert man Zähler und Nenner durch Q_n und setzt man das Verhältnis der Wärmemengen gleich p, so ergibt sich

$$\frac{a}{T} = ln \frac{p}{p - 1}. \qquad (\mathrm{I}_1)$$

Die Kurve dieser Gleichung ist dieselbe, wie sie auf anderem Weg schon gefunden wurde (Abb. 26).

Man kann die vorstehende Gleichung auch auf die Form bringen

$$p = \frac{1}{1 - e^{-a/T}}. \qquad (\mathrm{I}')$$

Diese Gleichung ist für die Auswertung bequemer, da sie nach p aufgelöst ist; die Werte der Exponentialfunktion kann man aus der Tafel entnehmen.

An Hand eines Beispiels soll gezeigt werden, wie groß die Leistung eines listenmäßigen Motors gewählt werden muß.

Die kurzzeitige Belastung betrage 70 kW, die Arbeitszeit $a = 1$ Std. und die Zeitkonstante $T = 1$ Std. Damit wird $a/T = 1$ und dafür findet man den Wert $p = 1{,}58$. In der Praxis wird vielfach wie folgt gerechnet: Die Überlastung beträgt 70 kW. Da der Motor im Verhältnis $p = 1{,}58$ überlastbar sein kann, ist ein listenmäßiger Motor mit der Leistung

$$\frac{70}{1{,}58} = 44{,}3 \text{ kW}$$

zu wählen. Diese Rechnung ist aber nicht exakt; denn sie setzt voraus, daß sich die Verluste wie die Leistungen verhalten, was nicht der Fall ist. Man muß vielmehr aus der Liste der Motoren denjenigen heraussuchen, dessen Kupferverluste $Q_{ü}$ bei der Belastung mit 70 kW das 1,58-fache im Vergleich zu den Kupferverlusten bei normaler Belastung des Motors betragen.

Die Belastung des Motors bei kurz-zeitigem Betrieb weist häufig die Form des zweistufigen Diagrammes auf (Abb. 14 b). Bezeichnet man das Verhältnis der Wärmemengen Q_1 und Q_2 zur Wärmemenge Q_n bei normalen Kupferverlusten mit p_{I} bzw. p_{II} und setzt man $p_{\mathrm{II}} = \beta \cdot p_{\mathrm{I}}$, dann findet man die folgende Gleichung für die Überlastbarkeit des Motors

$$p = \frac{1}{\beta - e^{-a/T}} \qquad (\mathrm{I}_2)$$

Für $\beta = 1$, d. h. für $Q_2 = Q_1$ geht die Gleichung über in

$$p = \frac{1}{1 - e^{-a/T}}; \qquad (\mathrm{I}_1')$$

d. h. in die Gleichung für die Überlastbarkeit beim Betrieb mit dem Diagramm der Abb. 26.

b) Der aussetzende (intermittierende) Betrieb mit dem einstufigen und zweistufigen Diagramm kommt in der Praxis besonders häufig vor, so bei Kranen, Spills, Aufzügen usw.

Bei der graphischen Ermittlung geht man wie folgt vor. Man macht von dem Satz Gebrauch, wonach die Konstruktion der Erwärmungskurven durch geeignete Verschiebung eines Exponential-Kurvenlineals erfolgen kann. In der Abb. 27 ist die Konstruktion für das einstufige Belastungsdiagrammes durchgeführt. Es bedeutet Q_1 die bei der Leistung L_1 im Motor entwickelte Wärmemenge. Man wählt nun probeweise einen

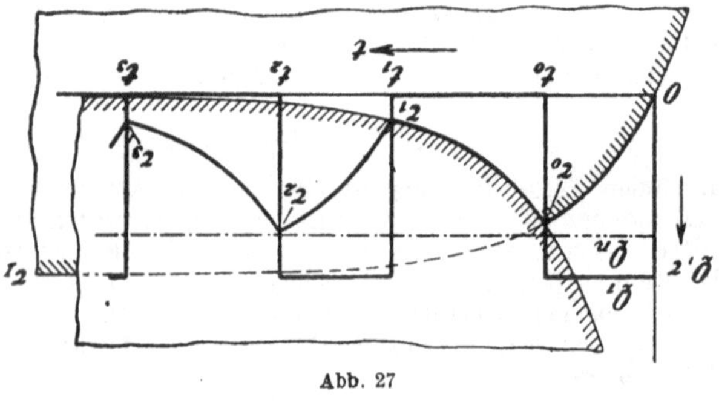

Abb. 27

Motor mit der Dauerleistung L_n, von welchem man annehmen kann, daß er passend sein könnte. Hierbei entwickelt der Motor die Wärmemenge Q_n, die im Diagramm eingetragen ist. Wenn die Wärmemenge Q_1 dauernd vorhanden wäre, würde der Motor die Temperatur τ_1 erreichen und zwar nach der gezeichneten in O einsetzenden Exponentialkurve. Das Lineal ist dabei so angelegt, daß sich die Kurve asymptotisch der Temperatur τ_I nähert (gestrichelt). Dieser Temperaturverlauf gilt aber nur bis zur Zeit t_0: denn von da ab ist die Belastung gleich Null. In diesem Augenblick hat die Temperatur den Wert τ_0 erreicht. Wäre der Motor von dieser Zeit an dauernd ausgeschaltet, dann würde er sich auf die Temperatur der Umgebung abkühlen. Die Abkühlungskurve kann wieder mit dem Lineal gezeichnet werden, wie in der Abbildung angedeutet ist. Zur Zeit t_1 setzt plötzlich die Belastung wieder ein und es wird wieder die Wärmemenge Q_1 erzeugt. Die Temperatur des Motors muß deshalb wieder ansteigen und zwar von τ_1 bis τ_2, wie die Zeichnung ergibt. Dann folgt wieder ein Temperaturabfall, dann ein Temperaturanstieg usw. Die Konstruktion muß man solange fortsetzen, bis der Vorgang periodisch wird. Dies im gezeichneten Fall schon ziemlich genau beim 2. Diagramm der Fall. Wenn der Motor richtig gewählt ist, dürfen die Spitzen der Temperaturkurve den Wert τ_n nicht überschreiten. Wird diese Temperatur nicht erreicht, dann ist der Motor zu groß gewählt, wird sie überschritten, dann ist der Motor zu klein.

In der Abb. 28 ist die Konstruktion der Temperaturkurve für das zweistufige Diagramm dargestellt.

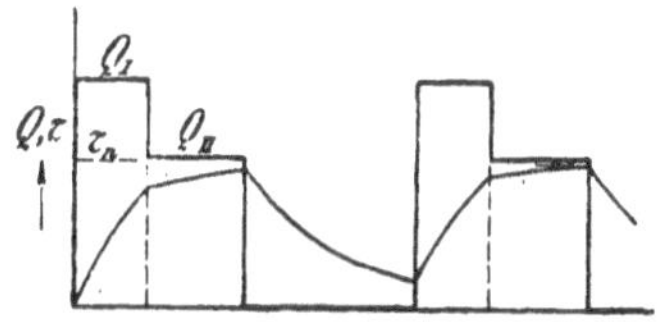

Abb. 28

Bei der Konstruktion macht es keinerlei Schwierigkeit zu berücksichtigen, daß die Zeitkonstante beim Leerlauf bzw. Stillstand kleiner ist als bei der Belastung. Man wählt die Dauer der Pause in der Zeichnung dann so, daß man das gleiche Lineal anwenden kann.

Bei der rechnerischen Behandlung des Problems geht man von der allgemeinen Erwärmungsgleichung aus und schreibt sie in der Form an

$$t = T \cdot ln \frac{Q_1}{Q_1 - A \cdot \tau} \qquad \text{(sec)};$$

oder

$$t = T \cdot ln \frac{\tau_I}{\tau_I - \tau} \qquad \text{(sec)}.$$

Für die Erwärmungskurve (Abb. 27) gelten zu den Zeiten t_1 und t_2 die Gleichungen

$$t_1 = T \cdot ln \frac{\tau_I}{\tau_I - \tau_1} \qquad \text{(sec)};$$

und

$$t_2 = T \cdot ln \frac{\tau_I}{\tau_I - \tau_2} \qquad \text{(sec)}.$$

Für die Belastungszeit a, während welcher der Temperaturanstieg von τ_1 nach τ_2 vor sich geht, ist

$$a = t_2 - t_1 = T \cdot \left(ln \frac{\tau_I}{\tau_I - \tau_2} - ln \frac{\tau_I}{\tau_I - \tau_1} \right) \qquad \text{(sec)}$$

daraus

$$\tau_1 = \tau_I - (\tau_I - \tau_2) \cdot e^{a/T} \qquad (^0\text{C}).$$

In ähnlicher Weise erhält man für die Anfangs- und Endpunkte der Abkühlungskurve während der Betriebspause

$$t_2 = T \cdot ln \frac{\tau_I}{\tau_2} \qquad \text{(sec)}$$

und

$$t_3 = T \cdot ln \frac{\tau_I}{\tau_3} \qquad \text{(sec)}$$

für die Pause erhält man

$$t_R = t_3 - t_2 = T \cdot ln \frac{\tau_2}{\tau_3} \qquad \text{(sec)},$$

daraus

$$\tau_3 = \tau_2 \cdot e^{-t_R/T} \qquad (^0\text{C})$$

Der Vorgang wird periodisch, wenn der Temperaturzuwachs während der Arbeitszeit ebenso groß ist wie der Temperaturabfall während der Pause. Es muß also sein

$$\tau_1 = \tau_3.$$

Setzt man die entsprechenden Gleichungen einander gleich und schreibt man für

$$\frac{\tau_I}{\tau_n} = p,$$

dann erhält man nach einigen Umrechnungen die bekannte Ölschlägersche Gleichung (ETZ 1900; S. 1058)

$$\frac{a}{a + t_R} = \frac{a}{P} = \frac{1}{1 - T/a \cdot ln(p - e^{a/T} \cdot (p - 1))}. \qquad (II_1)$$

Die Kurvenschar dieser Gleichung zeigt die Abb. 29.

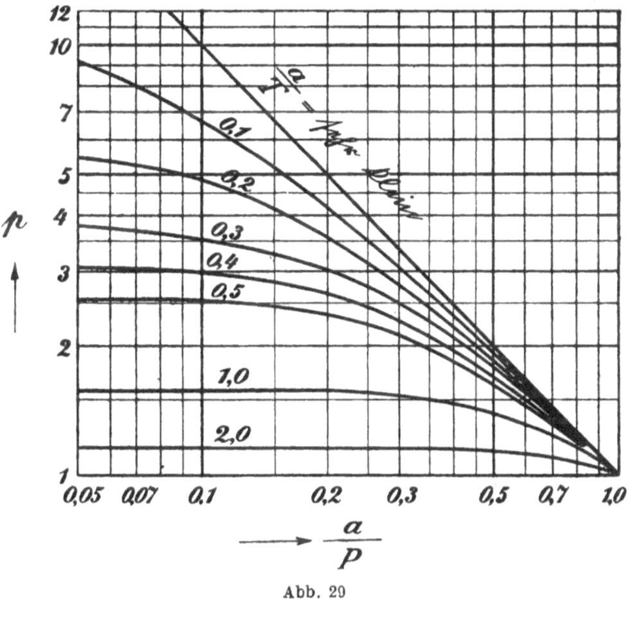

Abb. 29

Man kann diese Gleichung auch in die Form bringen

$$p = \frac{1 - e^{-P/T}}{1 - e^{-a/T}} \qquad (\mathrm{II}_1')$$

die leichter auszuwerten ist.

Entwickelt man die Subtrahenten von Zähler und Nenner der Gl. (II_1') in Reihen, dann kann man für den Fall, daß T sehr groß ist im Vergleich zu a und P, die Reihen beim linearen Glied abbrechen und erhält

$$p = \frac{P}{a};$$

d. h. die zugehörige Kurve (oberste Kurve der Schar) geht in eine Hyperbel über, die im logarithmischen System als Gerade erscheint. Versucht man für diesen Fall die Erwärmungskurve auf graphischem Weg zu ermitteln, dann findet man, daß statt der zickzackförmigen eine fast kontinuierliche Kurve entsteht.

Für $a/P = 1$ wird für alle Werte a/T und ferner für große Werte von a bei allen Werten a/P die Überlastbarkeit $p = 1$, d. h. der intermittierende Betrieb geht in den Dauerbetrieb über.

Die Anwendung des Ergebnisses soll an einem Beispiel gezeigt werden. Der Betrieb sei gekennzeichnet durch die Werte: $a = 12$ Minuten, $t_R = 18$ Minuten und $T = 10$ Minuten; also ist

$$\frac{a}{T} = 1{,}2; \quad \frac{a}{P} = 0{,}33.$$

Hierfür wird $p = 1{,}4$. Man muß nun einen Motor aus der Liste aussuchen, dessen Kupferverluste bei der Überlastung das 1,4-fache im Vergleich zur normalen Belastung betragen.

Vielfach hält man Leistungen, die ein Motor beim Betrieb mit einer Dauer von 20; 30; 60 und 90 Minuten abgeben kann, ohne die zulässige Temperatur zu überschreiten, für ein Maß dafür, daß er für gewisse Betriebe geeignet ist, beispielsweise für den Kranbetrieb, für Straßenbahnen usw. Damit will man die Motoren der Listen für den aussetzenden Betrieb sozusagen eichen. Die folgende Überlegung zeigt jedoch, daß damit die

Leistungen nicht eindeutig bestimmt sind; denn ein und derselbe Motor ist beispielsweise hinsichtlich des aufgenommenen Stroms bei $a/P = 0{,}25$ um das Doppelte und bei $a/P = 0{,}5$ um das 1,4-fache des Dauermomentes überlastbar. Um jedoch Motoren verschiedener Herkunft hinsichtlich ihrer Leistungsfähigkeit miteinander vergleichen zu können, kann man im Versuchsraum die Belastungen der verschiedenen Arten bei gleichen Temperaturen ermitteln.

Für das zweistufige Diagramm findet man durch das graphische Verfahren den in der Abb. 28 dargestellten Temperaturverlauf, wenn man der Untersuchung einen gewissen Motor zugrunde legt. Bei richtiger Wahl des Motors erreicht die Spitzentemperatur die zulässige Endtemperatur τ_n.

Man kann aber auch für diesen Betrieb die Überlastbarkeit analytisch ermitteln. Durch Erweiterung der Ölschlägerschen Untersuchung findet man:

$$\frac{P}{a} = 1 - \frac{T}{a} \cdot \ln \left[p_{\mathrm{I}} - e^{a/T} (p_{\mathrm{II}} - 1) \right]. \qquad (\mathrm{II}_2)$$

Diese Gleichung kann man in die Form bringen ($\beta = p_{\mathrm{II}}/p_{\mathrm{I}}$).

$$p_{\mathrm{I}} = \frac{1 - e^{-P/T}}{\beta - e^{-a/T}}. \qquad (\mathrm{II}'_2)$$

Man kann die vorstehenden, vom Verfasser angegebenen Gleichungen als die allgemeinen Gleichungen für die Überlastbarkeit bei kurzzeitigem und aussetzendem Betrieb mit einstufigen und mehrstufigen Diagrammen bezeichnen; denn setzt man in dieser Gleichung

$P = \infty$ und $\beta = 1$, dann ergibt sich die Gl. (I'_1) für den kurzzeitigen Betrieb mit einstufigem Diagramm.

$P = \infty$ dann ergibt sich die Gl. (I_2) für den kurzzeitigen Betrieb mit zweistufigem Diagramm.

$\beta = 1$, dann ergibt sich die Gl. (II'_1) für den aussetzenden Betrieb mit einstufigem Diagramm.

c) Unter den Beispielen von Betriebsdiagrammen sind oben auch solche behandelt worden, bei denen keine regelmäßigen Belastungsformen auftreten, so die Grobschaltung von Gleichstrommotoren und die Bremsvorgänge. Aus dem Drehmomentenverlauf und den damit ermittelten Strömen kann man die veränderlichen Kupferverluste berechnen. In der Abb. 30 ist eine Kurve für den Verlauf der erzeugten Wärmemengen angenommen und durch Stufen Q_1; Q_2; Q_3; ..... ersetzt.

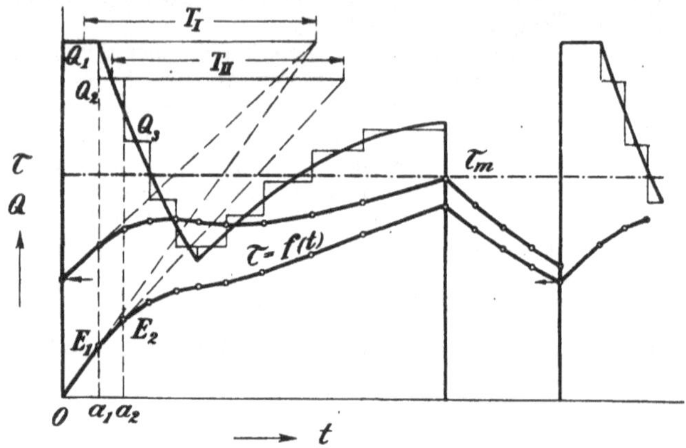

Abb. 30

Für die Bestimmung der Überlastbarkeit bleibt bei diesen Fällen allein die graphische Methode anwendbar. Statt der Verwendung des Kurvenlineals benützt man am besten die Tangentenmethode.

Man trägt von den Mitten der einzelnen Stufen die Zeitkonstanten T_{I}; T_{II}; T_{III} ..... auf; dann verbindet man O mit dem Endpunkt von T_{I} durch eine Gerade und erhält den Punkt E_1 für den Temperaturverlauf für den ersten Zeitabschnitt a_1. Den Punkt E_1 verbindet man dann mit dem Endpunkt von C_{II} und erhält den Punkt E_2 des weiteren Temperaturverlaufes usf. In der Abbildung ist die Fortsetzung des Temperaturverlaufs der zweiten Periode in die erste Periode eingetragen. Die Konstruktion hat man so lange fortzusetzen, bis der Vorgang periodisch wird und die einzelnen Bilder des Temperaturverlaufs sich wiederholen. Ist der Motor, mit welchem die Untersuchung unternommen wurde, richtig gewählt, dann erreicht die höchste Spitze der Temperatur die zulässige Übertemperatur.

Bei den Untersuchungen wurde der Motor als idealer Körper hinsichtlich des Erwärmungsvorganges angenommen. Dies trifft am besten für gekapselte Motoren zu. Bei offenen Motoren dagegen kann von einer einheitlichen Zeitkonstante nicht mehr gesprochen werden; denn die Zeitkonstanten des Ankers und der Magnete sind zu verschieden voneinander und zwar ist die Zeitkonstante des Ankers wesentlich kleiner als die der Magnete. Ein Beispiel mag dies zeigen. Ein Motor für 700 kW weist folgende Gewichte auf: Ankereisen 580 kg; Ankerwicklung 163 kg; Magnetkern und Polschule 935 kg; Magnetwicklung 445 kg. Die spezifische Wärme des Eisens beträgt 0,115 und des Kupfers 0,094. Es sind demnach zur Erwärmung des Ankers allein um 1° C notwendig

$$580 \cdot 0{,}115 + 163 \cdot 0{,}094 = 82{,}0 \text{ Cal.}$$

das sind

$$4{,}16 \cdot 82 = 344 \text{ kWs}$$

und für die Magnete allein 625 kWs.

Die Zeitkonstante des Ankers wird bei 24 kW Ankerverluste und bei 50° C Übertemperatur

$$T = \frac{50 \cdot 344}{24 \cdot 60} = 12 \text{ Minuten.}$$

Die Zeitkonstante der Magnete mit 3,4 kW Verlusten ist

$$T = \frac{50 \cdot 625}{3{,}4 \cdot 60} = 153 \text{ Minuten.}$$

Die Zeitkonstante des offenen Motors kann unter Umständen so kurz sein, daß man bei Belastungsschwankungen, die sich langsam abspielen, annehmen kann, die Temperatur erreiche bei jeder Belastungsstufe die zugehörige Endtemperatur des Beharrungszustandes. In diesem Fall muß der Motor nach der höchsten vorkommenden Belastung dimensioniert werden, d. h. die Nennleistung des Motors muß gleich der vorkommenden Spitzenleistung gewählt werden.

2. Wenn die Belastungszeiten sehr klein sind im Vergleich zu den Zeitkonstanten der Motoren, vereinfacht sich die Ermittlung der Motorgröße wesentlich.

Es wurde bei den aussetzenden Betrieben für diesen Fall gefunden

$$p = \frac{P}{a},$$

oder in anderer Form

$$Q_n = \frac{Q_{ü} \cdot a}{a + t_R}$$

a) Die mittleren Drehmomente. Dieses Ergebnis kann man verallgemeinern. Ist beim Beispiel der Abb. 30 die Zeitkonstante vielmals größer als dort angenommen wurde, dann wird

$$Q_n = \frac{Q_1 \cdot a_1 + Q_2 \cdot a_2 + Q_3 \cdot a_3 + \ldots\ldots}{a_1 + a_2 + a_3 + \ldots + t_R}.$$

Dies ist eine sehr wichtige Gleichung. Für den praktischen Gebrauch ist es zweckmäßig, die Gleichung umzuformen. Die Erwärmung durch die Kupferverluste ist

$$Q = i^2 . R$$

In die Gleichung eingesetzt, ergibt

$$I_n^2 = \frac{i_1^2 \cdot a_1 + i_2^2 \cdot a_2 + i_3^2 \cdot a_3 + \ldots\ldots}{a_1 + a_2 + a_3 + \ldots + t_R}.$$

Statt der Ströme kann man die Drehmomente einführen und zwar je nachdem, ob es sich um Motoren mit Hauptschlußverhalten, oder um Motoren mit Nebenschlußverhalten handelt, die Werte

$$D_H = k_H \cdot i^2; \; D_N = k_N \cdot i;$$

dann findet man für Motoren mit Hauptschlußverhalten

$$D_n = \frac{D_1 \cdot a_1 + D_2 \cdot a_2 + D_3 \cdot a_3 + \ldots}{a_1 + a_2 + a_3 + \ldots + t_R} \qquad (\mathrm{III}_H)$$

Der zu wählende Motor muß demnach ein Drehmoment D_n gleich dem gewogenen Mittel der Einzeldrehmomente aufweisen.

Für Motoren mit Nebenschlußverhalten findet man

$$D_n = D_{eff} = \sqrt{\frac{D_1^2 a_1 + D_2^2 a_2 + D_3^2 \cdot a_3 + \ldots}{a_1 + a_2 + a_3 + \ldots + t_R}} \qquad (\mathrm{III}_N)$$

Der zu wählende Motor muß demnach ein Drehmoment $D_n = D_{eff}$ aufweisen, d. h. ein Drehmoment gleich dem Effektivwert der einzelnen Momente. Die Bezeichnung „effektiv“ ist der Wechselstromtechnik entnommen. Diese Gleichung spielt besonders bei den schweren Betrieben des Berg- und Hüttenwesens, die meist mit Ward Leonardschaltung arbeiten, eine große Rolle. Die Gleichung für das gewogene Drehmoment wird besonders bei Bahnmotoren mit großer Leistung angewendet.

b) Graphische Ermittlung der Drehmomente D_n und D_{eff}. Wenn Arbeitsdiagramme stark veränderliche Belastungen aufweisen, kann es zweckmäßig sein, die mittleren Drehmomente auf graphischem Weg zu bestimmen.

Bei der Ermittlung des arithmetischen Mittelwertes handelt es sich um die Integration der von der Drehmomentenkurve umrandeten Fläche. Die anzuwendende Methode

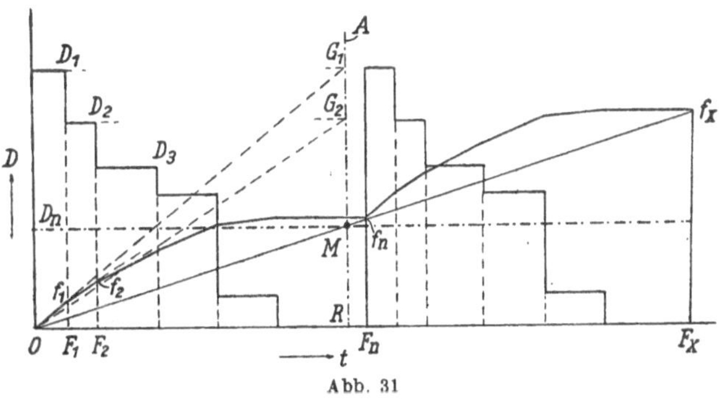

Abb. 31

ist die gleiche, wie sie bei der Ermittlung des Weges aus dem Geschwindigkeitsdiagramm gezeigt wurde; denn auch dabei hat es sich um die Bestimmung eines Flächeninhalts gehandelt.

In der Abb. 31 ist ein beliebiger Verlauf des Drehmoments in Form eines stufenförmigen Diagrammes dargestellt. Man wählt eine Strecke $r = OR$ und errichtet in R das Lot RA auf die X-Achse als Maßstabs-Reduktions-Achse.

Die Höhe D_1 der 1. Stufe wird auf die RA projiziert, ergibt den Schnittpunkt G_1. Dieser Punkt wird mit O verbunden; die Verbindungslinie schneidet auf dem Lot $D_1 F_1$ die Strecke $F_1 f_1$ ab. Die beiden Dreiecke ORG_1 und $OF_1 f_1$ sind ähnlich deshalb verhalten sich

$$F_1 f_1 : RG_1 = OF_1 : OR;$$

also ist

$$F_1 f_1 = \frac{RG_1 \cdot OF_1}{OR} = \frac{D_1 \cdot a_1}{r}.$$

Das Produkt $D_1 a_1$ stellt den wahren Inhalt des ersten Flächenstreifens dar und die Strecke $F_1 f_1$ den reduzierten Inhalt Dann projiziert man die Höhe des zweiten Flächenstreifens auf die RA und erhält den Schnittpunkt G_2. Dieser Punkt wird mit O verbunden und hierzu die Parallele durch f_1 gelegt. Die Strecke $F_2 f_2$ stellt den reduzierten Flächeninhalt der beiden Flächenstreifen dar. In dieser Weise fährt man mit der Konstruktion fort. In der Abb. 31 ist die Integration über 2 Diagramme und die zugehörigen Pausen durchgeführt. Die Strecke $F_x f_x$ stellt den reduzierten Flächeninhalt der beiden Diagramme dar; sie ist natürlich doppelt so hoch wie die Strecke $F_n f_n$ des ersten Diagramms.

Nun verbindet man O mit f_x; die Verbindungslinie schneiden die RA im Punkt M. Durch diesen Punkt ist die strichpunktierte Parallele zur X-Achse gezeichnet; diese schneidet auf der Y-Achse die Strecke OD_n ab. Der Inhalt des Rechtecks $OD_n MR$ ist gleich dem Inhalt des ersten Diagrammes, wie man leicht nachweisen kann. Denn wäre einkonstantes Drehmoment OD_n während der ganzen Zeit vorhanden, dann würde die Projektion auf die RA den Punkt M ergeben. Die verlängerte Verbindungslinie von O durch M würde durch

f_x laufen. Die Strecke $F_x f_x$ würde also den Inhalt des Rechtecks darstellen, also denselben Wert des Inhalts der beiden Diagramme. Den wahren Inhalt des Diagramms gibt also die Ordinate des Punktes D_n an und damit ist die gestellte Aufgabe gelöst.

Auch der Effektivwert des Drehmomentes bzw. des Stromes kann **graphisch** nach einem vom Verfasser angegebenen Verfahren gefunden werden.

Es handelt sich um die graphische Ermittlung des Flächeninhaltes f der Flächenstreifen $i^2\,dt$ der einzelnen Treppen der Stromkurve. Für das erste Flächenelement ist

$$f_1 = i_1^2\,dt_1\,,$$

man kann dafür auch schreiben:

$$\frac{i_1}{\dfrac{1}{i_1}} = \frac{f_1}{dt_1}$$

und hat damit eine für die graphische Konstruktion geeignete Proportion gefunden. Was bei der früher aufgestellten Proportion zur Konstruktion des Weges die sogenannte Maßstabsreduktion r war, ist hier $\frac{1}{i_1}$. Während aber dort r während der ganzen Konstruktion konstant war, müssen wir jetzt die Strecke OR veränderlich machen, und zwar entsprechend den jeweiligen $\frac{1}{i_1}, \frac{1}{i_2}, \ldots$

In Abb. 32 ist eine Stromkurve $i = f(t)$ dargestellt. Wir tragen nun auf der Abszissenachse in einem ganz willkürlichen Maßstab $\frac{1}{i}$ auf und zeichnen die Kurve

$$\frac{1}{i} = \varphi(i)\,,$$

die eine Hyperbel ist. Um diese Kurve zu erhalten, brauchen wir nur einige Punkte für beispielsweise 10, 25, 50 und 100 Amp. zu berechnen. In Abb. 32 ist diese Kurve eingezeichnet

Nun projizieren wir die Höhe der ersten Stufe der Stromkurve auf die Kurve und erhalten den Punkt G_1. Wir ver-

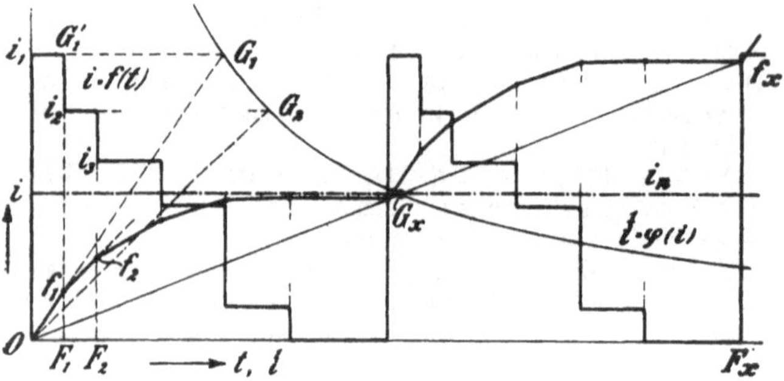

Abb. 32

binden O mit G_1 und erhalten den Schnittpunkt f_1 mit dem Lot durch G_1' auf die Abszissenachse. Die Strecke $F_1 f_1$ ist denn ein Maß für $i_1^2 dt_1$; denn es ist

$$\frac{G_1 R_1}{O R_1} = \frac{F_1 f_1}{O F_1},$$

oder wenn wir die entsprechenden Werte einsetzen,

$$\frac{i_1}{\frac{1}{i_1}} = \frac{F_1 f_1}{dt_1}.$$

Dabei ist R_1 der Schnittpunkt des Lotes durch G_1 mit der Abszissenachse.

Im weiteren Verlauf der Konstruktion projizieren wir die Höhe der zweiten Stufe i_2 auf die $\frac{1}{i}$-Kurve und erhalten den Schnittpunkt G_2. Wir verbinden G_2 mit O, ziehen durch f_1 die Parallele hierzu und erhalten $F_2 f_2$ als Maß für die Flächen

$$i_1^2 dt_1 + i_2^2 dt_2.$$

Wir sehen, daß die Konstruktion prinzipiell in gleicher Weise vor sich geht wie in Abb. 31, nur daß die Strecke OR veränderlich ist.

Als Endordinate der Konstruktion zweier Perioden erhalten wir die Strecke $F_x f_x$, welche $\int i^2 dt$ in einem gewissen

Maßstab, den wir aber nicht zu wissen brauchen, darstellt. Nun verbinden wir O mit f_x und erhalten den Schnittpunkt G_x mit der $\frac{1}{i}$-Kurve. Ziehen wir durch diesen Schnittpunkt G_x die Parrallele zur Abszissenachse, so erhalten wir den Strom i_n, welcher der Effektivstrom des Motors ist.

Zusammenfassung. Es wurde dargelegt, wie die Bestimmung der Motorgröße mit Hilfe der graphischen Integration der einschlägigen Differentialgleichungen erfolgen kann, selbst wenn die Kräfte und Widerstände verwickelte Funktionen sind. Dies gilt auch für die besonderen Fälle, daß außerdem auch das Trägheitsmoment der bewegten Massen, die Induktivität des Stromkreises oder die Wärmeabgabe (und damit die Zeitkonstante) nicht mehr als konstant angenommen werden dürfen. Da die zugehörigen Funktionen bekannt sind, hat man bei der Konstruktion der Diagramme von Stufe zu Stufe nur die diese Größen darstellenden Strecken entsprechend diesen Gesetzen zu ändern.

Wirtschaftlicher Teil.

Bei den wirtschaftlichen Untersuchungen handelt es sich um die Ermittlung der Betriebskosten des elektromotorischen Antriebs.

Man unterscheidet zwei Arten von Betriebskosten; erstens die sog. festen Betriebskosten und zweitens die sog. veränderlichen (beweglichen) Betriebskosten.

Dabei versteht man unter den festen Kosten diejenigen, welche alljährlich zu bezahlen sind, gleichviel, ob die Anlage im Betrieb ist und nützlich Arbeit leistet oder nicht. Sie umfassen die Ausgaben für die Verzinsung und Tilgung der Investitution, für die Gehälter und Löhne, für Versicherungen, Steuern usw. Man kann die festen Kosten auf eine Formel bringen, in welcher sie als Funktion des investierten Geldes und damit der Größe der im Motor installierten Leistung erscheinen.

Unter den veränderlichen (beweglichen) Betriebskosten versteht man die Kosten für die verbrauchte Energie, für die Unterhaltung und Reparaturen usw., kurz alle Kosten, welche von der verbrauchten Arbeit abhängig sind.

A. Die Betriebskosten.

I. Auswertung des Betriebsdiagrammes.

Die Grundlage für die Berechnung der Betriebskosten bildet das Betriebsdiagramm.

Durch die Erfüllung der Forderung, daß der Motor im Betrieb die zulässige Übertemperatur erreichen soll, ist die für den Betrieb notwendige Größe des Motors bestimmt. Damit sind auch die Kosten des Motors samt Installation und einschließlich des Zubehörs gegeben. Durch Annahme des üblichen Satzes für die Verzinsung, Abschreibung usw. ergeben sich die festen jährlichen Betriebskosten.

Um den Verbrauch an elektrischer Arbeit zu erhalten, trägt man in das Betriebsdiagramm die in jedem Augenblick an die Arbeitsmaschine übertragene Leistung und den Wirkungsgrad des Motors auf. Damit kann man die aus dem Netz entnommene Leistung abhängig von der Zeit berechnen. Durch Intregation der Leistungskurven erhält man die Nutzarbeit und die aus dem Netz entnommene Arbeit. Trägt man auch noch den jeweiligen Wert des Leistungsfaktors in das Diagramm ein, dann kann man auch die Blind-kWh berechnen. Damit sind alle Unterlagen für die Ermittlung der veränderlichen Betriebskosten gegeben.

Dabei tritt auch die Frage nach dem wirtschaftlichen Motor auf. Wird ein Motor beispielweise im Dauerbetrieb mit Vollbelastung verwendet, und kommt für den Antrieb ein Asynchronmotor in Frage, dann ist zu prüfen, ob nicht eine Phasenkompensation vorgesehen werden soll. Damit sind zwar höhere Anschaffungskosten verknüpft, aber sie sind billiger im Betrieb durch Wegfall der Blindstromkosten. Die wirtschaftliche Berechnung wird deshalb zu Gunsten der Kompensation ausfallen. Auch die Wahl eines schnellaufenden Motors mit dem besseren cos φ kann in Frage kommen.

Wird dagegen ein Motor nur ganz selten in Betrieb genommen und dann auch nur kurze Zeit, dann liegt der gegenteilige Fall vor; nämlich, dann ist es wirtschaftlicher, einen in der Anschaffung billigen Motor zu wählen und die größeren nur kurze Zeit dauernden Verluste in Kauf zu nehmen.

Für Motoren, die sehr lange im Leerlauf arbeiten, empfiehlt es sich, Motoren mit geringen Eisen- und Lagerreibungsverlusten zu wählen und die größeren Kupferverluste zuzulassen. Zwar sind die listenmäßigen Motoren meist nicht so differenziert, um diese Auswahl treffen zu können. Man muß sich dann mit den gegebenen Möglichkeiten behelfen.

Damit ist der Weg zur Berechnung der Kosten für den elektromotorischen Antrieb aufgezeigt. Für die zahlenmäßige Berechnung müssen noch die veränderlichen Betriebskosten des Motors, d. h. die Kosten für die verbrauchte Energie bekannt sein. Die Ermittlung derselben erfordert unter Umständen noch größere Untersuchungen.

II. Ermittlung der Betriebskosten des Kraftwerkes.

Ist der elektromotorische Antrieb an ein Überlandwerk angeschlossen, dann wird von diesem der Preis für die aus dem Netz entnommene kWh bestimmt. Weist der angeschlossene Betrieb eine erhebliche Leistung auf, beispielsweise durch den Anschluß einer großen Förderanlage oder eines Walzwerkes, dann kann der Fall eintreten, daß durch diesen Anschluß die Form des Belastungsdiagrammes des Überlandwerkes wesentlich beeinflußt wird und damit auch die Kosten der erzeugten kWh.

Im folgenden soll angenommen werden, daß der geplante elektromotorische Betrieb an ein werkeigenes Kraftwerk angeschlossen wird. Die für diesen Fall abgeleiteten Formeln für die Kosten können leicht auch auf den Fall des Anschlusses an ein Überlandwerk angewendet werden, wenn dessen Betriebsdiagramm bekannt ist.

Die vorliegende Aufgabe lautet: Wie groß sind die Kosten für die an einen elektromotorischen Betrieb abgegebenen Wirk- und Blind-kWh? Die Beantwortung dieser Frage erfordert umfangreiche Untersuchungen. Man hat nämlich damit zu rechnen, daß durch den neuen Anschluß eine Rückwirkung auf die Betriebskosten des Kraftwerks auftritt, indem dadurch die Kosten für die erzeugte Wirk- und Blind-kWh entweder erhöht oder gesenkt werden. Deshalb müssen die Betriebskosten des Kraftwerks vor und nach dem Anschluß eines neuen Betriebs berechnet werden.

Zunächst soll gezeigt werden, wie man die Kosten der in einem Kraftwerk erzeugten kWh berechnen kann.

Berechnung der Betriebskosten eines Kraftwerkes. Auch hier hat man zwischen den festen und veränderlichen Betriebskosten zu unterscheiden. Bei der Berechnung muß man von den Kosten der einzelnen Maschinensätze nebst Zubehör ausgehen.

1. Die festen Kosten $\mathfrak{K}_\mathfrak{f}$ eines Maschinensatzes betragen

$$\mathfrak{K}_\mathfrak{f} = \mathfrak{k}_\mathfrak{f} \cdot N_h \cdot z\,.$$

In dieser Gleichung bedeuten $\mathfrak{k}_\mathfrak{f}$ die festen Kosten je 1 kW Maschinenleistung (Scheinleistung) in der Stunde, N_h die

Nennleistung (Höchstleistung) des Maschinensatzes und z die Zahl der Stunden (8760), für welche die Verzinsung usw. zu leisten ist.

2. Bei der Berechnung der veränderlichen Betriebskosten eines Maschinensatzes unterscheidet man gewöhnlich bei der Kraftmaschine zwischen den Leerlaufkosten $\mathfrak{L}$ und den sog. zusätzlichen Kosten bei Belastung. Diese hängen vom Belastungsgrad ab und zwar wird gewöhnlich angenommen, daß sie proportional mit der Belastung bis zum Höchstwert $\mathfrak{Z}$ bei Vollbelastung ansteigen. Für die veränderlichen Kosten $\mathfrak{k}_v$ pro Stunde kann man also annehmen

$$\mathfrak{k}_v = \mathfrak{L} + \frac{\mathfrak{Z}}{N_h} \cdot N .$$

Der Einfachheit halber und in grober Annäherung soll hier angenommen werden, daß in $\mathfrak{k}_v$ auch die Kosten für die Verluste im Generator enthalten sind.

Da der Maschinensatz gewöhnlich mit veränderlicher Belastung läuft, sind die veränderlichen Kosten während der Zeit d, d. h. solange die Maschine sich „dreht“

$$\mathfrak{K}_v = \int_{t=0}^{t=d} \mathfrak{k}_v \cdot dt:$$

Durch Einsetzen des Wertes von $\mathfrak{k}_v$ ergibt sich

$$\mathfrak{K}_v = \mathfrak{L} \cdot d + \frac{\mathfrak{Z}}{N_h} \cdot \int_0^d N \cdot dt$$

Das Integral stellt die während der Benutzungszeit d vom Maschinensatz erzeugte Arbeit dar; diese kann durch die Nennleistung N_h ausgedrückt werden, nämlich

$$\int_0^d N \cdot dt = N_h \cdot \tau ;$$

τ bedeutet jene Zeit, während welcher die Maschine mit Vollbelastung laufen müßte, um die gleiche Arbeit zu erzeugen, die sie tatsächlich erzeugt.

3. Die Gleichung für die gesamten Betriebskosten

$$\mathfrak{K} = \mathfrak{K}_{\mathfrak{f}} + \mathfrak{K}_{\mathfrak{v}}$$

geht durch Einsetzen der Werte über in

$$\mathfrak{K} = \mathfrak{k}_{\mathfrak{f}} \cdot N_h \cdot z + \mathfrak{l} \cdot N_h \cdot d + \mathfrak{z} \cdot N_h \cdot \tau,$$

darin bedeuten $\mathfrak{l}$ und $\mathfrak{z}$ die Leerlauf- bzw. die zusätzlichen Kosten je kW und Stunde.

Für $\mathfrak{K}$ kann man schreiben

$$\mathfrak{K} = \mathfrak{k} \cdot N_h \cdot \tau;$$

darin bedeutet $\mathfrak{k}$ die Kosten je kW und Stunde. Damit ergeben sich die Betriebskosten eines Maschinensatzes pro kWh zu

$$\mathfrak{k} = \mathfrak{k}_{\mathfrak{f}} \cdot \frac{z}{\tau} + \mathfrak{l} \cdot \frac{d}{\tau} + \mathfrak{z}.$$

Nun sind noch die Betriebskosten des ganzen Kraftwerkes mit n Maschinen zu berechnen. Es soll hier die spezielle Annahme gemacht werden, daß die n Maschinensätze die gleichen Nennleistungen N_h bzw. die gleichen spezifischen Kosten $\mathfrak{k}_{\mathfrak{f}}$, $\mathfrak{l}$ und $\mathfrak{z}$ aufweisen; dann wird:

$$\sum_1^n \mathfrak{k} \cdot N_h \cdot \tau = \sum_1^n \mathfrak{k}_{\mathfrak{f}} \cdot N_h \cdot z + \sum_1^n \mathfrak{l} \cdot N_h \cdot d + \sum_1^n \mathfrak{z} \cdot N_h \cdot \tau.$$

Die konstanten Größen können vor das Summenzeichen gesetzt werden; ferner wird gesetzt

$$\sum_1^n z = n \cdot z_0; \quad \sum_1^n d = n \cdot d_0; \quad \sum_1^n \tau = n \cdot \tau_0.$$

Der Ausdruck $\sum_1^n N_h \cdot \tau$ stellt die gesamten im Kraftwerk erzeugten kWh dar. Bezeichnet man mit

$$B_h = n \cdot N_h$$

die höchst mögliche Belastung des Kraftwerkes und mit T jene Zeit, während welcher das Kraftwerk mit Voll-Last laufen müßte, um dieselbe Zahl von kWh zu erzeugen, die tatsächlich erzeugt werden, dann ist

$$\sum_1^n \mathfrak{k} \cdot N_h \cdot \tau = \mathfrak{k} \cdot B_h \cdot T,$$

und es ergibt sich

$$\mathfrak{k} \cdot B_h \cdot T = \mathfrak{k}_f \cdot n \cdot N_h \cdot z_0 + \mathfrak{l} \cdot n \cdot N_h \cdot d_0 + \mathfrak{z} \cdot n \cdot N_h \cdot \tau_0.$$

Darin bedeuten

$B_h \cdot T$	die tatsächlichen während eines Jahres erzeugten kWh;
$n \cdot N_h \cdot z_0 = B_h \cdot z_0$	die kWh, welche das Kraftwerk erzeugen könnte, wenn es während des ganzen Jahres vollbelastet wäre ($z_0 = Z = 8760$ Std. des Jahres);
$n \cdot N_h \cdot d_0 = B_h \cdot d_0$	die kWh, welche das Kraftwerke erzeugen könnte, wenn die Maschinen, solange sie sich „drehen", mit Voll-Last laufen würden;
$n \cdot N_h \cdot \tau_0 = B_h \tau_0$	die kWh, die tatsächlich im Jahr erzeugt werden ($\tau_0 = T$).

Damit ergibt sich die Schlußgleichung für die mittleren jährlichen Betriebskosten des Kraftwerkes pro kWh

$$\mathfrak{k} = \mathfrak{k}_f \frac{z}{T} + \mathfrak{l} \frac{d_0}{T} + \mathfrak{z}.$$

In dieser Gleichung sind die Größen $\mathfrak{k}_f$; $\mathfrak{l}$ und $\mathfrak{z}$ aus den Angaben über die Kraftmaschine und die Größen T und d_0 durch die Belastungsform des Kraftwerkes bekannt.

B. Das Belastungsdiagramm.

I. Die mittleren festen Kosten.

Die Untersuchungen sollen an Hand des Tagesbelastungs-Diagrammes der Abb. 33 durchgeführt werden. Die Höchstleistung des Kraftwerkes beträgt 19000 kW. Unter den Verbrauchern soll auch der Anschluß des neuen elektromotorischen Betriebs mit einer Belastung von 4000 kW und einer

Entnahme von 48000 kWh enthalten sein. Das Belastungsdiagramm unterscheidet sich von dem früheren dadurch, daß die Belastung während der Zeit von 0^h bis 12^h um 4000 kW geringer war. Es ist also angenommen, daß der neue Verbraucher zur Zeit der geringsten Belastung einschaltet. Die Leistungen der Maschinen reichen demnach aus, um auch den Bedarf des neuen Verbrauchers zu decken. Anders lägen die Verhältnisse, wenn der neue Verbraucher zur Zeit der Höchstbelastung einschalten würde. Dann müßte das Kraftwerk vergrößert werden, da die vorhandenen Maschinen nicht zur Deckung der erhöhten Leistung ausreichen.

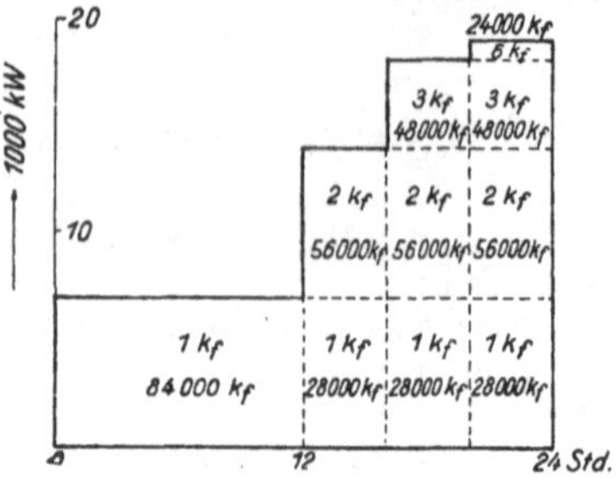

Abb. 33

Zur Vereinfachung der Rechnung wird angenommen, daß die vier Belastungsstufen zugleich den Einsatz der Maschinen darstellen. Diese Annahme ist zweckmäßig, aber nicht unbedingte Voraussetzung für die Berechnung (s. A. Schwaiger, E u. M 1915).

Die gesamte Erzeugung des Kraftwerkes nach Anschluß des neuen Verbrauchers beträgt 288000 kWh; es könnten aber bei dauernder Vollbelastung 456000 kWh erzeugt werden.

Die Berechnung der festen Betriebskosten je 1 kWh ergibt die folgenden Werte:

a) Nach dem Anschluß des neuen Verbrauchers

$$z = 24 \text{ Stdn}; \; T = \frac{288\,000}{19000} = 15{,}2 \text{ Stdn}; \; d_0 = 15{,}2 \text{ Stdn}.$$

T und d_0 weisen die gleichen Werte auf, da die Maschinen dauernd mit Vollbelastung laufen. Damit wird

$$\mathfrak{k} = 1{,}58 \cdot \mathfrak{k}_\mathfrak{f} + \mathfrak{l} + \mathfrak{z}.$$

Natürlich führt auch das Verhältnis

$$\frac{456000}{288000} = 1{,}58$$

zum gleichen Beiwert von $\mathfrak{k}_\mathfrak{f}$.

b) Vor dem Anschluß des neuen Verbrauchers

$$z = 24 \text{ Stdn}; \; T = 12{,}6 \text{ Stdn}; \; d_0 = 12{,}6 \text{ Stdn}$$

also wird

$$\mathfrak{k} = 1{,}9 \cdot \mathfrak{k}_\mathfrak{f} + \mathfrak{l} + \mathfrak{z}.$$

Dieses Ergebnis lehrt, daß durch den Anschluß des neuen Verbrauchers die festen Kosten um 16,9% je erzeugte kWh gesenkt werden. An festen Kosten kommen also pro Tag herein

$$288000 \cdot 1{,}58 = 456000.$$

Bei dauernder Vollbelastung des Werkes würden demnach die festen Kosten je 1 kWh den Wert von $1\mathfrak{k}_\mathfrak{f}$ annehmen.

Es wäre nun nicht richtig, wenn für jeden Verbraucher die festen Kosten je entnommene kWh mit dem mittleren Betrag von 1,58 $\mathfrak{k}_\mathfrak{f}$ berechnet würden. Dies wird auch allgemein anerkannt und es gibt sehr viele Vorschläge für die Verteilung der festen Kosten auf je 1 kWh. Man ist sich darin einig, daß die Verbraucher, welche an dem Zustandekommen der Spitzenbelastung „schuld" sind, mehr und die Verbraucher, welche zur gleichmäßigen Belastung beitragen, weniger an festen Kosten zu bezahlen haben.

II. Die Verteilung der festen Kosten.

An das Kraftwerk seien sechs Verbraucher angeschlossen mit dem gleichen Verbrauch von je 48000 kWh im Tag. Die Annahme des gleichen Verbrauchs ist getroffen worden, um den Einfluß eines verschiedenen Verbrauches auszuschalten.

Bei der Verteilung der festen Kosten an die Verbraucher geht man von dem Grundsatz aus, daß eine Belastung, die den ganzen Tag über das Kraftwerk gleichmäßig in Anspruch nimmt, $1\mathfrak{k}_\mathfrak{f}$ je kW und Stunde als feste Kosten aufgerechnet erhält, eine Belastung dagegen, welche nur den halben Tag das Kraftwerk beansprucht, $2\,\mathfrak{k}_\mathfrak{f}$ je kW und Stunde, da auch während dieser Zeit die gleichen festen Kosten hereinkommen müssen usw.

Dies ist in die Abb. 33 eingetragen. Die Zahlen kommen in folgender Weise zustande. Da die Belastung der 1. Stufe von 0^h bis 12^h den Betrag von 84000 kWh aufweist, müssen während dieser Zeit 84000 $\mathfrak{k}_\mathfrak{f}$ an festen Kosten hereinkommen. Da der sich anschließende Verbrauch von 12^h bis 16^h 28000 kW ausmacht, müssen während dieser Zeit 28000 $\mathfrak{k}_\mathfrak{f}$ hereinkommen, desgleichen für die Zeit von 20^h bis 24^h.

Auf der 2. Stufe werden von 12^h bis 16^h 28000 kWh verbraucht. Da während dieser Zeit 2 $\mathfrak{k}_\mathfrak{f}$ an festen Kosten je kWh hereinkommen müssen, sind für diese Energie 56000 $\mathfrak{k}_\mathfrak{f}$ zu entrichten; desgleichen von 16^h bis 20^h und von 20^h bis 24^h.

Auf der 3. Stufe mit den festen Kosten von 3 $\mathfrak{k}_\mathfrak{f}$ und einer Entnahme von 16000 kWh von 16^h bis 20^h und von 20^h bis 24^h müssen je 48000 bezahlt werden.

Auf der 4. Stufe mit den festen Kosten von 6 $\mathfrak{k}_\mathfrak{f}$ und einer Entnahme von 4000 kW von 20^h bis 24^h müssen 24000 $\mathfrak{k}_\mathfrak{f}$ entrichtet werden.

Zählt man diese Kosten für jeden der genannten Zeitabschnitte zusammen, dann erhält man die in der ersten Zeile der Tabelle angegebenen Werte, zusammen 456000 $\mathfrak{k}_\mathfrak{f}$ an festen Kosten.

Bezogen auf diese Summe betragen die Hundertwerte die in der Zeile 2 eingetragene Anteile.

Bezogen auf 1000 kWh erhält man die in der Zeile 3 angegebenen Werte, die wie folgt zustande kommen. Im Zeitabschnitt z. B. zwischen 12^h und 16^h werden 56000 kWh entnommen; demnach ist der Anteil während dieser Zeit 18,43 : 56 = 0,329 ‰ usw.

Tabelle

	$0^h—12^h$	$12^h—16^h$	$16^h—20^h$	$20^h—24^h$	Σ
1.	84000 $\mathfrak{k}_\mathfrak{f}$	84000 $\mathfrak{k}_\mathfrak{f}$	132000 $\mathfrak{k}_\mathfrak{f}$	156000 $\mathfrak{k}_\mathfrak{f}$	456000 $\mathfrak{k}_\mathfrak{f}$
2.	18,43 %	18,43 %	28,9 %	34,2 %	100 %
3.	0,219 %	0,329 %	0,402 %	0,45 %	100 %

Nun kann der Anteil der sechs Gruppen an den festen Kosten berechnet werden. Die Einschaltzeiten der sechs Verbraucher sind in der Abb. 34 angegeben. Der Verbraucher C ist neu hinzu gekommen.

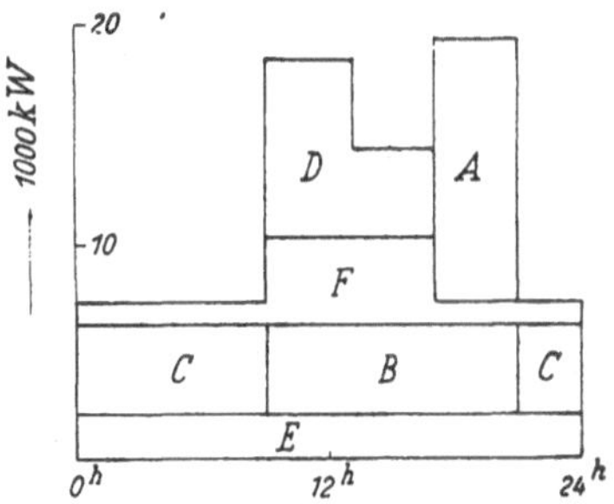

Abb. 34

Der Verbraucher A ist mit 12000 kW an der Höchstbelastung 4 Stunden lang beteiligt; deshalb hat er an den festen Kosten $12 \cdot 4 \cdot 0{,}45 = 21{,}6\,^0/_0$, das sind 98500 $\mathfrak{k}_f$ zu tragen.

Der Verbracher B ist mit 4000 kW während 4 Stunden an der Belastung von 18000 kW und desgleichen an der Belastung von 14000 kW und an der Belastung von 19000 kW beteiligt; deshalb hat er

$$4 \cdot 4 \cdot (0{,}329 + 0{,}402 + 0{,}45) = 18{,}9\,^0/_0$$

der festen Kosten, also 87000 $\mathfrak{k}_f$ zu zahlen usw. Damit ergeben sich für die Verbraucher die in der 1. und 2. Zeile eingetragenen Anteile an den festen Kosten (Anteile a).

Führt man die gleichen Untersuchungen für das Kraftwerk vor dem Anschluß des Verbrauchers C durch, dann erhält man die in den Zeilen 3 und 4 eingetragenen Beträge (Anteile b).

	A	B	C	D	E	F	
Anteile a)	21,6	19,0	10,5	18,2	14,7	16,0	
	98,5	87,0	48,0	83,0	67,0	73,0	$\times$ 1000 $\mathfrak{k}_f$
Anteile b)	24,0	21,0	—	21,0	16,0	18,0	
	106,5	93,3	—	93,3	71,0	80,0	$\times$ 1000 $\mathfrak{k}_f$

Diese Untersuchungen lehren, daß die fünf Verbraucher durch den Anschluß von C als neuen Verbraucher hinsichtlich der zu entrichtenden festen Kosten wesentlich gewonnen haben. Man erkennt, daß auch der gegenteilige Fall eintreten kann, nämlich dann, wenn der neue Verbraucher zur Zeit der schon vorhandenen Höchstbelastung einschaltet. Jedenfalls ist die Annahme von C als neuer Verbraucher der günstigste Fall für die Verteilung der festen Kosten.

In der Formel für f ist für jeden der sechs Verbraucher nicht der mittlere Wert einzusetzen, sondern der für die einzelnen Verbraucher berechnete Wert, damit diejenigen Verbraucher, welche zur Vergleichmäßigung der Belastung beitragen, den ihnen gebührenden Vorteil gewinnen. Man sieht auch aus diesen Untersuchungen, wie wichtig es ist, bei der Berechnung der Kosten die Rückwirkung auf das Kraftwerk zu berücksichtigen.

Schließlich sei noch auf den Einfluß der Blind-kWh auf den Strompreis hingewiesen. Eine viel verbreitete Bestimmung der Kosten für die Blind-kWh lautet:

Der Normalpreis der kWh gilt für den Leistungsfaktor 0,8. Jede weniger abgenommene kWh wird dem Verbraucher mit 6% des Wirk-kWh-Normalpreises vergütet. Jede mehr abgenommene Blind-kWh wird dem Verbraucher mit 12% des genannten Normalpreises berechnet.

Damit können die wirtschaftlichen Berechnungen für jede Neuanlage durchgeführt werden. Zu den auf diese Weise berechneten Strompreisen kommen für den Verbraucher noch die festen Kosten für den Motor selbst, die oben angegeben worden sind.

Durch diese Darlegungen ist erwiesen, daß das Problem der Ermittlung der Strompreise und insbesondere der Verteilung der festen Kosten ganz allgemein, d. h. ohne Annahme spezieller Werte (Mark und Pfennig) behandelt werden kann.

Tabelle der Exponentialfunktionen

x	e^{-x}	$1-e^{-x}$
0,00	1,000	0,000
0,10	0,948	0,052
0,20	0,819	0,181
0,30	0,741	0,259
0,40	0,670	0,330
0,50	0,607	0,393
0,60	0,549	0,451
0,80	0,449	0,551
1,00	0,368	0,632
1,20	0,301	0,699
1,40	0,247	0,753
1,60	0,202	0,798
1,80	0,163	0,837
2,00	0,135	0,865
2,20	0,108	0,892
2,40	0,091	0,909
2,60	0,074	0,926
2,80	0,061	0,939
3,00	0,050	0,950
3,50	0,030	0,970
4,00	0,018	0,982
4,50	0,011	0,989
5,00	0,0067	0,9933
5,50	0,00409	0,9959
6,00	0,00248	0,9975
7,00	0,00091	0,99909

Sachverzeichnis

SAMMLUNG GÖSCHEN

Jeder Band DM 2,40

Naturwissenschaften und Technik

Mathematik

Geschichte der Mathematik. Von J. E. Hofman. I.: Von den Anfängen bis zum Auftreten von Fermat und Descartes. 199 S. 1952. In Vorbereitung . . . . Bd. 226
Mathematische Formelsammlung. Von F. Ringleb. 5., verbesserte Aufl. Mit 57 Fig. 274 S. 1949 . . . . Bd. 51
Formelsammlung zur praktischen Mathematik. Von G. Schulz. Durchgesehener Neudruck. Mit 10 Abb. 147 S. 1945 . . . . Bd. 1110
Vierstellige Tafeln und Gegentafeln. Für logarithmisches und trigonometrisches Rechnen in zwei Farben. Zusammengestellt von H. Schubert und R. Haussner. Neudruck. 181 S. 1952. In Vorbereitung . . . . Bd. 81
Fünfstellige Logarithmen. Mit mehreren graphischen Rechentafeln und häufig vorkommenden Zahlwerten. Von A. Adler. 2. Aufl. Neudruck. Mit 1 Tafel. 127 S. 1949 Bd. 423
Einführung in die Zahlentheorie. Von A. Scholz. 2. Aufl. 136 S. In Vorbereitung . . . . Bd. 1131
Arithmetik. Von P. B. Fischer. 2. Aufl. Neudruck. Mit 19 Abb. 152 S. 1951. In Vorbereitung . . . . Bd. 47
Höhere Algebra. Von H. Hasse. I.: Lineare Gleichungen. 3., verbess. Aufl. 152 S. 1951 . . . . Bd. 931
II.: Gleichungen höheren Grades. 3., verbess. Aufl. 5 Fig. 158 S. 1951 . . . . Bd. 932
Determinanten Von P. B. Fischer. 4., umgearb. Aufl. Neudruck. 116 S. 1952 . . . . Bd. 402
Gruppentheorie. Von L. Baumgartner. 2. Aufl. Mit 6 Fig. 115 S. 1949 . . . . Bd. 837
Aufgabensammlung zur höheren Algebra. Von H. Hasse und W. Klobe. 2., vermehrte u. verbesserte Aufl. 1952 . Bd. 1082
Mengenlehre. Von E. Kamke. 3. Aufl. Mit 6 Fig. 160 S. 1952. In Vorbereitnug . . . . Bd. 999
Elemente der Funktionentheorie. Von K. Knopp. 3. Aufl. Mit 23 Fig. 144 S. 1949 . . . . Bd. 1109
Funktionentheorie. Von K. Knopp. I.: Grundlagen der allgemeinen Theorie der analytischen Funktion. 7. Aufl. Mit 8 Fig. 139 S. 1949 . . . . Bd. 668
II.: Anwendungen und Weiterfühung der allgemeinen Theorie. 7. Aufl. Mit 7 Fig. 130 S. 1949 . . . . Bd. 703
Aufgabensammlung zur Funktionentheorie. Von K. Knopp. I.: Aufgaben zur elementaren Funktionentheorie. 4. Aufl. 135 S. 1949 . . . . Bd. 877
II.: Aufgaben zur höheren Funktionentheorie. 4. Aufl. 151 S. 1949 . . . . Bd. 878

Gewöhnliche Differentialgleichungen. Von G. Hoheisel. 4., neubearbeitete Aufl. 129 S. 1951 . . . . Bd. 920

Partielle Differentialgleichungen. Von G. Hoheisel. 3., neubearb. Aufl. 130 S. 1952. In Vorbereitung . . . . . . Bd. 1003

Aufgabensammlung zu den gewöhnlichen und partiellen Differentialgleichungen. Von G. Hoheisel. 2., umgearb. Aufl. 1952. Erscheint demnächst . . . . Bd. 1059

Differentialrechnung. Von A. Witting. 3., neubearb. Aufl. Durchgesehener Neudruck. Mit 95 Fig. und 200 Beispielen. 201 S. 1949 . . . . Bd. 87

Repetitorium und Aufgabensammlung zur Differentialrechnung. Von A. Witting. 2. Aufl. Neudruck. 122 S. 1949 . . . . Bd. 146

Integralrechnung. Von A. Witting. 2., verbesserte Aufl. Durchgesehener Neudruck. Mit 62 Fig. und 190 Beispielen. 176 S. 1949 . . . . Bd. 88

Repetitorium und Aufgabensammlung zur Integralrechnung. Von A. Witting. 2. Aufl. Neudruck. 121 S. 1949 . . . Bd. 147

Einführung in die konforme Abbildung. Von L. Bieberbach. 4. Aufl. Mit 42 Zeichnungen. 147 S. 1949 . . . . . . Bd. 768

Darstellende Geometrie. Von R. Haussner. 1. Teil: Elemente, ebenflächige Gebilde. 6., unveränderte Aufl. Mit 110 Fig. 207 S. 1947 . . . . Bd. 142

2. Teil: Perspektive ebener Gebilde, Kegelschnitte. 5., unveränderte Aufl. Mit 88 Fig. 168 S. 1947 . . . . . Bd. 143

Sammlung von Aufgaben und Beispielen zur analytischen Geometrie der Ebene. Von R. Haussner. Neudruck. Mit 22 Fig. 139 S. 1949 . . . . Bd. 256

Ebene und sphärische Trigonometrie. Von G. Hessenberg. 4. Aufl., Neudruck. 1952. In Vorbereitung . . . . . Bd. 99

Nichteuklidische Geometrie. Hyperbolische Geometrie der Ebene. Von R. Baldus. 3., verbess. Aufl. durchges. von F. Löbell. Mit 70 Fig. 140 S. 1952. In Vorbereitung . Bd. 970

Vermessungskunde. Von P. Werkmeister. I.: Stückmessung und Nivellieren. 9. Aufl. Mit 145 Fig. 172 S. 1949 Bd. 468

II.: Messung von Horizontalwinkeln. Festlegung von Punkten im Koordinatensystem. Absteckungen. 7. Aufl. Mit 63 Fig. 151 S. 1949 . . . . Bd. 469

III.: Trigonometrische und barometrische Höhenmessung. Tachymetrie und Topographie. 6. Aufl. Mit 64 Fig. 147 S. 1951. 1949 . . . . Bd. 862

Vektoranalysis. Von S. Valentiner. 7., wesentlich veränderte Aufl. Mit 19 Fig. 138 S. 1950 . . . . Bd. 354

Physik / Chemie / Allgemeine, anorganische, organische und experimentelle Chemie / Elektrochemie / Technologie

Physikalische Formelsammlung. Von G. u. K. Mahler. 8., verbesserte Aufl. Mit 69 Fig. 153 S. 1950. Erscheint demnächst . . . . Bd. 136

Physikalische Aufgabensammlung. Von G. u. K. Mahler. Mit den Ergebnissen. 7., verbess. Aufl. 127 S. 1952. Erscheint demnächst . . . . Bd. 243

Differentialgleichungen der Physik. Von E. Sauter. 2. Aufl. Mit 16 Fig. 148 S. 1950 . . . . Bd. 1070

Einführung in die Kristalloptik. Von E. Buchwald. 4., verbess. Aufl. Mit 121 Fig. 138 S. 1952. Erscheint demnächst . . . . Bd. 619

Physikalisch-Chemische Rechenaufgaben. Von E. Asmus. 2. Aufl. 96 S. 1949 . . . . Bd. 445

Vektoranalysis. Von S. Valentiner. 7., wesentl. veränderte Aufl. Mit 19 Fig. 138 S. 1950 . . . . Bd. 354

Geschichte der Chemie. Von G. Lockemann. Bd. I: Vom Altertum bis zur Entdeckung des Sauerstoffs. Mit 8 Bildnissen. 142 S. 1950 . . . . Bd. 264

Allgemeine und physikalische Chemie. Von W. Schulze.
I. Teil: 3., durchgesehene Aufl. Mit 22 Fig. 146 S. 1949 Bd. 71
II. Teil: 3., durchgesehene Aufl. Mit 36 Fig. 160 S. 1949 Bd. 698

Physikalisch-Chemische Rechenaufgaben. Von E. Asmus. 2. Aufl. 96 S. 1949 . . . . Bd. 445

Anorganische Chemie. Von W. Klemm. 6. Aufl. Mit 18 Abb. 184 S. 1944 . . . . Bd. 37

Thermochemie. Von W. A. Roth. 3. Aufl. Mit 16 Fig. Mit 16 Fig. 109 S. 1952. In Vorbereitung . . . . Bd. 1057

Stöchiometrische Aufgabensammlung. Mit den Ergebnissen. Von W. Bahrdt und R. Scheer. 5., verbess. Aufl. Mit 120 S. 1952. Erscheint demnächst . . . . Bd. 452

Organische Chemie. Von W. Schlenk. 5., verbess. Aufl. Mit 17 Fig. 239 S. 1949 . . . . Bd. 38

Analytische Chemie. Von J. Hoppe. I.: Reaktionen. 5., verbesserte Aufl. 135 S. 1950 . . . . Bd. 247
II.: Gang der qualitativen Analyse. 5., verbesserte Aufl. 168 S. 1950 . . . . Bd. 248

Elektrochemie und ihre physikalisch-chemischen Grundlagen. Von A. Dassler. Bd. I: Mit 21 Abb. 149 S. 1950 Bd. 252
Bd. II: Mit 17 Abb. 178 S. 1950 . . . . Bd. 253

Warenkunde. Von K. Hassak und E. Beutel. 7. Auflage, neu bearbeitet von A. Kutzelnigg. Bd. I. Anorganische Waren sowie Kohle und Erdöl. Mit 19 Fig. 116 S. 1947 Bd. 222
Bd. II. Organische Waren. Mit 32 Fig. 143 S. 1949 Bd. 223

Die Fette und Öle. Von K. Braun. 5. vollständig neubearb. und verbess. Aufl. von Th. Klug. 145 S. 1950 . . . . . Bd. 335

Naturwissenschaften / Biologie / Botanik / Zoologie Land- und Forstwirtschaft

Hormone. Von G. Koller. 2. Aufl. Mit 60 Abb. und 19 Tab. 187 S. 1949 . . . . Bd. 1141

Geschlecht und Geschlechtsbestimmung im Tier- und Pflanzenreich. Von M. Hartmann. 2. Aufl. Mit 62 Abb. 155 S. 1951. In Vorbereitung . . . . Bd. 1127

Fortpflanzung im Tier- und Pflanzenreich. Von J. Hämmerling. 2., ergänzte Aufl. Mit 101 Abb. 135 S. 1951 . . Bd. 1138

Grundriß der allgemeinen Mikrobiologie. Von W. Schwartz.
Bd. I: Mit 17 Abb. 104 S. 1949 . . . . Bd. 1155
Bd. II: Mit 12 Abb. 93 S. 1949 . . . . Bd. 1157

Symbiose der Tiere mit pflanzlichen Mikroorganismen. Von P. Buchner. 2., verbesserte und vermehrte Aufl. Mit 121 Abb. 130 S. 1949 . . . . Bd. 1128

Entwicklungsgeschichte des Pflanzenreiches. Von H. Heil. 2. Aufl. Mit 94 Abb. und 1 Tab. 138 S. 1950 . . . . . . Bd. 1137

Morphologie der Pflanzen. Von L. Geitler. 3. Aufl. 1951 Bd. 141

Pflanzenzüchtung. Von H. Kuckuck. 2., durchges. Aufl. Mit 12 Abb. 125 S. 1944 . . . . Bd. 1134

Die Laubhölzer. Von W. Neger und E. Münch. 3., durchgesehene Aufl., herausgegeben von B. Huber. Mit 63 Fig. und 7 Tab. 142 S. 1950 . . . . Bd. 718

Vergleichende Physiologie der Tiere. Von K. Herter. I. Stoff- und Energiewechsel. 3. Aufl. Mit 64 Abb. 155 S. 1950 . . . . Bd. 972
II. Bewegung und Reizerscheinungen. 3. Aufl. Mit 110 Abb. 148 S. 1950 . . . . Bd. 973

Kulturtechnische Bodenverbesserungen. Von O. Fauser. I.: Allgemeines, Entwässerung. 4., neubearbeitete Aufl. Mit 47 Abb. 122 S. 1947 . . . . Bd. 691
II.: Bewässerung, Ödlandkultur, Umlegung. 4., neubearbeitete Aufl. Mit 67 Abb. 150 S. 1948 . . . . . . Bd. 692

Geologie / Mineralogie / Kristallographie

Geologie. Von H. Cloos. 3. Aufl. 77 Abb. 144 S. 1951 Bd. 13

Mineralogie. Von R. Brauns und K. F. Chudoba. 8., neubearbeitete Aufl. Mit 125 Textfiguren und 9 Abb. auf einer Tafel. 143 S. 1943 . . . . Bd. 29

Petrographie. Von W. Bruhns u. P. Ramdohr. 3., durchgesehene Aufl. Mit 10 Figuren. 117 S. 1949 . . . . . Bd. 173

Kristallographie. Von W. Bruhns und P. Ramdohr. 4. Aufl. 1952 . . . . Bd. 210

Einführung in die Kristalloptik. Von E. Buchwald. 4., verb. Aufl. Mit 121 Fig. 138 S. 1952. Erscheint demnächst . Bd. 619

Lötrohrprobierkunde. Mineraldiagnose mit Lötrohr und Tüpfelreaktion. Von M. Henglein. 3., verbesserte Aufl. Mit 11 Fig. 91 S. 1949 . . . . Bd. 483

Ingenieurwissenschaften

Allgemeines / Maschinenbau / Hoch- und Tiefbau Elektrotechnik / Wasserbau

Technische Tabellen und Formeln. Von W. Müller. 4., überarbeitete Aufl. Von E. Schulze. Mit 105 Fig. 152 S. 1951 Bd. 579

Dynamik. Von W. Müller. I.: Dynamik des Einzelkörpers. 2., verbesserte Aufl. Mit 70 Fig. 160 S. 1952. In Vorbereitung . . . . Bd. 902
II.: Systeme von starren Körpern. 2., verbess. Aufl. Mit 41 Fig. 102 Seiten. 1952. In Vorbereitung . . . . Bd. 903

Technische Thermodynamik. Von W. Nusselt.
I.: Grundlagen. 3., verb. Aufl. Mit 71 Abb. 144 S. 1950 Bd. 1084
II.: Theorie der Wärmekraftmaschinen. Neudruck. Mit 87 Abb. und 32 Zahlentafeln. 144 S. 1951 . . . . . . Bd. 1151

Festigkeitslehre. Von W. Gehler und W. Herberg.
I.: Elastizität, Plastizität und Festigkeit der Baustoffe und Bauteile. Durchgesehen und erweit. Neudruck. Mit 118 Bildern. 159 S. 1952. Erscheint demnächst . . . . Bd. 1144

Metallkunde. Von H. Borchers. I.: Aufbau der Metalle und Legierungen. Mit 2 Tab. und 90 Abb. 2. Aufl. 110 S. 1950 . . . . Bd. 432
II. Eigenschaften, Grundzüge der Form und Zustandsgebung. Mit 8 Tab., 100 Abb. 2. Aufl. 154 S. 1951 Bd. 433

Getriebelehre. Von P. Grodzinski u. H. Polster. I.: Geometrische Grundlagen. 2. Aufl. Mit 127 Fig. 1952. In Vorbereitung . . . . Bd. 1061

Die Maschinenelemente. Von E. vom Ende. 2., verbesserte Aufl. Mit 173 Fig. und 12 Taf. 159 S. 1950 . . . . . Bd. 3

Das Maschinenzeichnen mit Einführung in das Konstruieren. Von W. Tochtermann.
I.: Das Maschinenzeichnen. 4. Aufl. Mit 77 Taf. 156 S. 1950 Bd. 589
II.: Ausgeführte Konstruktionsbeispiele. 4. Aufl. Mit 58 Taf. 130 S. 1950 . . . . Bd. 590

Die Dampfkessel und Feuerungen einschließlich Hilfseinrichtungen in Theorie, Konstruktion und Berechnung. Von W. Marcard. 2. Aufl., neubearbeitet von K. Beck.
I.: Die theoretischen Grundlagen. Wärme, Verbrennung, Wärmeübertragung. Mit 42 Abb. u. 16 Tab. 150 S. 1951 Bd. 9
II.: Dampfkessel. Mit 53 Abb. 147 S. 1952. In Vorbereitung . . . . Bd. 521

Gießereitechnik. Von H. Jungbluth. I. Teil: Eisengießerei. Mit 44 Abb. 126 S. 1951 . . . . Bd. 1159

Autogenes Schweißen und Schneiden. Von H. Niese. 5. Aufl., neubearb. von A. Küchler. Mit 71 Fig. 136 S. 1952. In Vorbereitung . . . . Bd. 499

Die wichtigsten Baustoffe des Hoch- und Tiefbaues. Von O. Graf. 3., verbesserte Aufl. Mit 58 Abb. 136 S. 1947 Bd. 984

Baustoffverarbeitung und Baustellenprüfung des Betons. Von A. Kleinlogel. 2., neubearb. u. erweiterte Aufl. Mit 35 Abb. 126 S. 1951 . . . . Bd. 970

Fenster, Türen, Tore aus Holz und Eisen. Von W. Wickop. 3., überarb. und ergänzte Aufl. Mit 96 Abb. 154 S. 1949 Bd. 1092

Heizung und Lüftung. Von J. und W. Körting. I.: Das Wesen und die Berechnung der Heizungs- und Lüftungsanlagen. 8., neubearb. Aufl. Mit 29 Abb. und 18 Zahlentafeln. 140 S. 1951 . . . . Bd. 342
II.: Die Ausführung der Heizungs- u. Lüftungsanlagen. 8. Aufl. 1952. In Vorbereitung . . . . Bd. 343

Die Gleichstrommaschine. Von K. Humburg.
I. Durchgesehener Neudruck. Mit 59 Abb. 102 S. 1949 Bd. 257
II. Durchgesehener Neudruck. Mit 38 Abb. 98 S. 1949 Bd. 881

Die synchrone Maschine. Von K. Humburg. Neudruck. Mit 78 Bildern. 109 S. 1951 . . . . Bd. 1146

Transformatoren. Von W. Schäfer. 2. Aufl. Mit 74 Abb. 128 S. 1949 . . . . Bd. 952

Die komplexe Berechnung von Wechselstromschaltungen. Von H. H. Meinke. Mit 114 Abb. 160 S. 1949 . . . . Bd. 1156

Theoretische Grundlagen zur Berechnung der Schaltgeräte. Von F. Kesselring. 3. Aufl. Mit 92 Abb. 144 S. 1950 . . Bd. 711

Elektromotorische Antriebe. (Grundlagen für die Berechnung.) Von A. Schwaiger. 3., neubearb. Aufl. Mit 34 Abb. 95 S. 1952. In Vorbereitung . . . . Bd. 827

Überspannungen und Überspannungsschutz. Von G. Frühauf. Durchges. Neudruck. Mit 98 Abb. 122 S. 1950 . . . . Bd. 1132

Verkehrswasserbau. Von H. Dehnert. I.: Entwurfsgrundlagen, Flußregelungen. Mit 52 Textabb. 103 S. 1950 Bd. 585
II.: Flußkanalisierungen und Schiffahrtskanäle. Mit 60 Textabb. 94 S. 1950 . . . . Bd. 597
III.: Schleusen und Hebewerke. Mit 70 Textabb. 98 S. 1950 . . . . Bd. 1152

Wehr- und Stauanlagen. Von H. Dehnert. Mit 90 Abb. Etwa 136 S. 1952. In Vorbereitung . . . . Bd. 965

Geisteswissenschaften

Philosophie / Psychologie

Einführung in die Philosophie. Von H. Leisegang. 145 S. 1951 . . . . Bd. 281

Hauptprobleme der Philosophie. Von G. Simmel. 7., unveränderte Auflage. 177 S. 1950 . . . . Bd. 500

Erkenntnistheorie. I. Allgemeine Grundlegung. Von G. Kropp. 143 S. 1950 . . . . Bd. 807

Die geistige Situation der Zeit. (1931). Von K. Jaspers. 2., unveränderter Abdruck der im Sommer 1932 bearbeiteten 5. Aufl. 232 S. 1949 . . . . Bd. 1000

Philosophisches Wörterbuch. Von M. Apel. 3., neubearb. Aufl. 260 S. 1950 . . . . Bd. 1031

Therapeutische Psychologie. (Freud, Adler, Jung). Von W. M. Kranefeldt. 2. Aufl. 152 S. 1950 . . . . Bd. 1034

Religionswissenschaften

Jesus. Von M. Dibelius. 2. Aufl. Neudruck. 141 S. 1949. Bd. 1130

Paulus. Von M. Dibelius. Hrsg. und zu Ende geführt von W. G. Kümmel. 155 S. 1951 . . . . Bd. 1160

Musik / Kunst

Systematische Modulation. Von R. Hernried. 2. Aufl. 136 S. 1950 . . . . Bd. 1094

Der Polyphone Satz. I. Der cantus-firmus-Satz. Von E. Pepping. 2. Aufl. 223 S. 1950 . . . . Bd. 1148

Die Technik des Klavierspiels. Von K. Schubert. 2. Aufl. 132 S. 1946 . . . . Bd. 1045

Die Musik des 19. Jahrhunderts. Von W. Oehlmann. 180 S. 1952. In Vorbereitung . . . . Bd. 170

Stilkunde. I. Vorzeit, Antike, Mittelalter. Von H. Weigert. 2. Aufl. Mit 94 Abb. 136 S. 1952. In Vorbereitung . . Bd. 80
II. Spätmittelalter und Neuzeit. 2. Aufl. Mit 84 Abb. 147 S. 1952. In Vorbereitung . . . . Bd. 781

Geschichte

Allgemeines / Vor- und Frühgeschichte / Altertum, Mittelalter und Neuzeit / Kulturgeschichte

Einführung in die Geschichtswissenschaft. Von P. Kirn. 2. Aufl. 121 S. 1952. Erscheint demnächst . . . . . . Bd. 270

Kultur der Urzeit. Bd. I: Die vormetallischen Kulturen. (Die Steinzeiten Europas. Gleichartige Kulturen in anderen Erdteilen.) Von F. Behn. 4. Aufl. Mit 48 Abb. 172 S. 1950 . . . . Bd. 564
Bd. II: Die älteren Metallkulturen. (Der Beginn der Metallbenutzung. Kupfer- und Bronzezeit in Europa, im Orient und Amerika.) 4. Aufl. Mit 67 Abb. 160 S. 1950 . . . . Bd. 565
Bd. III: Die jüngeren Metallkulturen. (Das Eisen als Kulturmetall. Hallstatt- und Latène-Kultur in Europa. Das erste Auftreten des Eisens in den anderen Weltteilen.) 4. Aufl. Mit 60 Abb. 149 S. 1950 . . . . Bd. 566

Vorgeschichte Europas. Von F. Behn. 7. Aufl. Mit 47 Abb. 125 S. 1949 . . . . Bd. 42

Vor- und Frühzeit der Mittelmeerländer. I. Das östliche Mittelmeer. Von J. Wiesner. Mit einer Textabb. und 7 Tafeln. 177 S. 1943 . . . . Bd. 1149
II. Das westliche Mittelmeer. Mit 3 Textabb. und 7 Tafeln. 129 S. 1943 . . . . Bd. 1150

Römische Geschichte. I. Teil: Bis zur Schlacht bei Pydna. Von F. Altheim. 123 S. 1948 . . . . Bd. 19
II. Teil: Bis zur Begründung des Prinzipats. 141 S. 1948 Bd. 677

Zeitrechnung der römischen Kaiserzeit, des Mittelalters und der Neuzeit. Für die Jahre 1—2000 n. Chr. Von H. Lietzmann. 2. Aufl. besorgt d. A. Hofmeister. 126 S. 1952. In Vorbereitung . . . . Bd. 1085

Quellenkunde der deutschen Geschichte im Mittelalter. (Bis zur Mitte des 15. Jahrh.) I. Einleitung. Allgemeiner Teil. Die Zeit der Karolinger. Von K. Jacob. 5. Aufl. 118 S. 1949 . . . . Bd. 279
II. Die Kaiserzeit (911—1250). 4. Aufl. 127 S. 1949 . . Bd. 280
III. Das Spätmittelalter (vom Interregnum bis 1500). Unter Verwendung des Nachlasses von K. Jacob. Herausgegeben von F. Weden. 152 S. 1952. Erscheint demnächst Bd. 284

Von den Karolingern zu den Staufern. Die altdeutsche Kaiserzeit (900—1250). Von J. Haller. 3. Aufl. Mit 4 Karten. 141 S. 1944 . . . . Bd. 1065

Deutsche Geschichte im Zeitalter der Reformation, der Gegenreformation und des 30jährigen Krieges. Von F. Hartung. 129 S. 1951 . . . . Bd. 1105

Geschichte Englands. Teil I: bis 1815. Von H. Preller. 3., stark umgearbeitete Auflage. Mit 2 Karten. 135 S. 1952. In Vorbereitung . . . . Bd. 375

Geschichte der Mathematik. I. Von den Anfängen bis zum Auftreten von Fermat und Descartes. Von J. E. Hofmann. 199 S. 1952. In Vorbereitung . . . . Bd. 226

Geschichte der Chemie. Bd. I: Vom Altertum bis zur Entdeckung des Sauerstoffs. Von G. Lockemann. Mit 8 Bildnissen. 142 S. 1950 . . . . Bd. 264

Sprach- und Literaturwissenschaft

Indogermanisch / Germanisch

Indogermanische Sprachwissenschaft. Von H. Krahe. 2. Aufl. 134 S. 1948 . . . . Bd. 59

Sanskrit-Grammatik. Von M. Mayrhofer. 89 S. 1952. In Vorbereitung . . . . Bd. 1158

Germanische Sprachwissenschaft. Bd. I: Einleitung und Lautlehre. Von H. Krahe. 2. Aufl. 127 S. 1948 . . . Bd. 238
Bd. II: Formenlehre. 2. Aufl. 140 S. 1948 . . . . Bd. 780

Altnordisches Elementarbuch. Schrifttum, Sprache, Texte mit Übersetzung und Wörterbuch. Von F. Ranke. 2., durchgesehene Aufl. 146 S. 1949 . . . . Bd. 1115

Deutsche Sprache und Literatur

Deutsche Wortkunde. Eine kulturgeschichtliche Betrachtung des deutschen Wortschatzes. Von A. Schirmer. 3. Aufl. 109 S. 1949 . . . . Bd. 929

Deutsches Dichten und Denken von der germanischen bis zur staufischen Zeit. (Deutsche Literaturgeschichte vom 5. bis 13. Jhdt.) Von H. Naumann. 2., verbess. Aufl. 166 S. 1952. Erscheint demnächst. . . . . Bd. 1121

Der Nibelunge Nôt. In Auswahl mit kurzem Wörterbuch. Von K. Langosch. 9., umgearbeitete Aufl. 163 S. 1952. In Vorbereitung . . . . Bd. 1

Deutsches Dichten und Denken vom Mittelalter zur Neuzeit. (1270—1700.) Von G. Müller. 2. Aufl. 159 S. 1949 Bd. 1086

Deutsches Dichten und Denken von der Aufklärung bis zum Realismus. (1700—1890.) Von K. Viëtor. 2. Aufl. 156 S. 1949 . . . . Bd. 1096

Englische Sprache / Romanische Sprache und Literatur

Altenglisches Elementarbuch. Einführung, Grammatik. Texte mit Übersetzung und Wörterbuch. Von M. Lehnert. 2., verbesserte und vermehrte Aufl. 176 S. 1950 Bd. 1125

Beowulf. Eine Auswahl mit Einführung, teilweiser Übersetzung, Anmerkungen und etymologischem Wörterbuch. Von M. Lehnert. 2., verbesserte Aufl. 135 S. 1949 Bd. 1135

Italienische Literaturgeschichte. Von K. Voßler. Unveränderter Nachdruck der 1927 erschienenen 4., durchgesehenen und verbesserten Aufl. 148 S. 1948 . . . Bd. 125

Griechisch / Lateinisch

Geschichte der griechischen Sprache. I. Bis zum Ausgang der klassischen Zeit. Von O. Hoffmann. 3., stark umgearbeitete Aufl. von A. Debrunner. 144 S. 1952. In Vorbereitung . . . . Bd. 111

Geschichte der griechischen Literatur. I. Von den Anfängen bis auf Alexander d. Gr. Von W. Nestle. 2., verbesserte Aufl. Neudruck. 148 S. 1950 . . . . Bd. 70

II. Von Alexander d. Gr. bis zum Ausgang der Antike. 2., verbesserte Aufl. 128 S. 1945 . . . . Bd. 557

Geschichte der lateinischen Sprache. Von F. Stolz. 3., stark umgearbeitete Aufl. von A. Debrunner. 136 S. 1952. In Vorbereitung . . . . Bd. 492

Orientalia / Russisch

Sanskrit-Grammatik. Von M. Mayrhofer. 89 S. 1952. In Vorbereitung . . . . Bd. 1158

Hebräische Grammatik. I. Band: Schrift-, Laut- und Formenlehre I. Von G. Beer. 2., völlig umgearb. Aufl. von R. Meyer. 157 S. 1952. In Vorbereitung . . . Bd. 763

Russische Grammatik. Von E. Berneker und M. Vasmer. 6., unveränderte Aufl. 155 S. 1947 . . . . Bd. 66

Erd- und Länderkunde

Kartenkunde. Von M. Eckert-Greifendorff. Durchgesehen von W. Kleffner. 3. Aufl. Mit 63 Abb. 149 S. 1950 . . Bd. 30

Australien und Ozeanien. Von H.-J. Krug. Mit 46 Skizzen. 176 S. 1952. In Vorbereitung . . . . Bd. 319

Wirtschaftswissenschaften / Gesellschaftskunde

Allgemeine Betriebswirtschaftslehre. Von K. Mellerowicz. 3 Bde.: 7. Aufl. 1952. In Vorbereitung. . . Bd. 1008, 1153, 1154

Soziologie. Geschichte und Hauptprobleme. Von L. v. Wiese. 4. Aufl. 151 S. 1950. . . . . Bd. 101

FSC
www.fsc.org
MIX
Papier | Fördert gute Waldnutzung
FSC® C083411

Zeitfracht Medien GmbH
Ferdinand-Jühlke-Straße 7
99095 Erfurt, Deutschland
produktsicherheit@kolibri360.de